AF305964

USAGES AGRICOLES

DU

DÉPARTEMENT DE SEINE-ET-OISE.

Société d'Agriculture et des Arts
DE SEINE-ET-OISE.

RAPPORT

SUR LES

USAGES AGRICOLES

DU DÉPARTEMENT;

OBSERVATIONS

SUR LE

PROJET DE BAIL PROPOSÉ PAR LA SOCIÉTÉ ;

PROJET DE BAIL.

PAR UNE COMMISSION COMPOSÉE DE :

MM. PLOIX, *Président*, PASQUIER fils, NOTTA, GROSJEAN, J. PIGEON, D'ABZAC, THOMASSIN, et DE LA NOURAIS, *Rapporteur*.

VERSAILLES,

G. DUFAURE, Imprimeur de la Société, rue de la Paroisse, 21.

1855.

RAPPORT

FAIT A LA SOCIÉTÉ D'AGRICULTURE ET DES ARTS

de Seine-et-Oise,

SUR LES USAGES AGRICOLES

DU DÉPARTEMENT,

PAR UNE COMMISSION COMPOSÉE DE :

MM. Ploix, *Président*, Pasquier fils, Notta, Grosjean, J. Pigeon, d'Abzac, Marcille, Thomassin, et de La Nourais, *Rapporteur*.

Le sol cultivable, soit qu'il reste à l'état naturel, soit que remué et fécondé par la main des hommes, il se couvre de produits dont l'abondance égale la diversité, n'en affecte pas moins une variété infinie qui frappe, en quelque sorte, à chaque pas les regards de l'agronome et du praticien. Si, en effet, le sol exerce avant tout son influence sur la race d'hommes qui le cultive, il se reflète aussi, pour ainsi dire, dans les mœurs, les habitudes, et jusque dans les usages légaux des populations rurales. De là cette multitude infinie et, pour ainsi dire, innombrable de coutumes locales, de lois, d'usages qui se rencontraient autrefois, non-seulement de pays à pays, mais encore souvent de commune à commune, avant que l'unité d'une législation uniforme ne fût venue se substi-

tuer à cette variété sans fin , mais non toujours sans raison d'être.

Quelque désirable, en effet, que fut cette uniformité,
dont le premier avantage est assurément de faciliter l'application de la loi, d'y introduire une clarté qui devait
avoir pour résultat de diminuer, dans une forte proportion,
les causes de procès et les querelles de voisinage, il eut
été, toutefois, imprudent de ne tenir compte ni du climat,
ni de la position géographique, ni des mœurs, ni des
habitudes locales qui exercent ordinairement un si puis-
sant empire sur les transactions. Aussi lorsque le Code
Napoléon, livre III, titre VIII, section III, fixe les règles
particulières aux baux à ferme, a-t-il bien soin, quand
il énonce, art. 1777, les obligations réciproques les plus
généralement en usage entre le fermier entrant et le fermier sortant, et relatives soit à l'usage de l'habitation,
soit aux facilités à s'accorder pour la consommation des
fourrages et pour les récoltes restant à faire, d'ajouter :
*dans l'un et l'autre cas on doit se conformer à l'usage des
lieux.*

Aussi, malgré son ardent désir de l'uniformité, la loi
qui nous régit a donc consacré l'existence légale de ces
usages qui ont continué dans les rapports des populations
rurales à être la loi des parties. Or, du moment où ils se
substituaient à la loi écrite, il devenait aussi utile, aussi
indispensable même de les connaître que la loi elle-même.
A son tour cette connaissance ne sera pas stérile, car elle
aura pour résultat de faciliter les rapports du propriétaire
et du fermier; et en éclairant les uns et les autres sur leurs
droits et leurs obligations réciproques, de prévenir souvent des mécomptes, des déceptions, quelques fois même
des causes de froissements toujours pénibles, toujours

préjudiciables à l'Agriculture, mais souvent désastreux quand une ignorance entêtée s'obstine à recourir à la coûteuse intervention des tribunaux.

C'est cette pensée qui inspirait sans doute notre regrettable collègue M. Degeneté aîné, lorsqu'il fit à la Société d'Agriculture de Seine-et-Oise, la proposition de s'enquérir des différents usages agricoles qui, dans chaque localité de notre Département, régissaient les mutations d'exploitation et les rapports, tant des fermiers entre eux que ceux des propriétaires avec les fermiers, et de les réunir, pour ainsi dire, en corps, afin de les éclairer tous et de les guider, tant dans la rédaction des baux, que dans le but de prévenir les difficultés qui pourraient surgir entre fermiers par suite de la connaissance imparfaite des usages locaux.

L'étendue du département de Seine-et-Oise, sa position topographique autour du département de la Seine, qui le coupe pour ainsi dire en plusieurs zônes distinctes, la multiplicité de ses cultures, la variété qui existe entre ses nombreux cantons, dont les uns sont en quelque sorte voués à la culture parcellaire, tandis que les autres ne connaissent que les grandes exploitations, tout jusqu'à sa formation géographique, qui l'a constitué de fragments de l'Ile de France, du Mantois, du Hurepoix et du Vexin, régis autrefois par une grande quantité de coutumes locales, et dont quelques-unes sont encore aujourd'hui restées dans les habitudes des populations rurales, tout concourait à hérisser de difficultés la tâche qui était dévolue à la Société ; mais, hâtons-nous de le dire, elles se sont rapidement aplanies devant le dévoûment de ses membres et le zèle de ses correspondants. L'abondance de leurs renseignements, la clarté de leurs communications ont singulièrement facilité le travail de votre rapporteur, mais il lui ont en même temps imposé le devoir de les remercier de leur bienveillante coopération et de féliciter la Société de posséder d'aussi utiles auxiliaires.

Ces questions, qui sont au nombre de dix, embrassent à peu près tous les usages qui règlent les rapports réciproques soit des fermiers entre eux, soit des propriétaires avec les fermiers. Nous allons les passer en revue successivement.

1.re et 2.e *questions.* — Quels sont les usages relatifs à tout ou partie de l'habitation personnelle par le fermier entrant? — A quelles époques doit-il successivement prendre possession des différents locaux? — Quels sont les usages relatifs à l'entrée dans la ferme et au logement des animaux du fermier entrant?

Bien que dans la majeure partie du Département, le fermier entre pour la levée des jachères le 11 novembre qui précéde la dernière année du bail, cependant, dans la partie méridionale, cet usage souffre une exception que nous devons signaler. Ainsi, dans le canton de La Ferté-Alais (1), le fermier entrant commence à Pâques pour la levée des jachères ; il a droit à ce moment à la moitié, et un an après au reste de l'habitation personnelle du fermier sortant. Ses chevaux arrivent également à Pâques et ont droit à la moitié de l'écurie, quelquefois aux deux tiers ; quant à tous les autres animaux, ils n'entrent qu'à Pâques l'année suivante, quelquefois même au 24 juin. C'est à cette époque que la vacherie et la bergerie sont livrées au fermier entrant.

____

(1) MM. Legendre, de Beaulne, et Lesage, de Mondeville.

Dans le canton voisin, celui de Milly (1), le fermier sortant conserve également la jouissance de l'habitation principale et ne cède au fermier entrant que les pièces ou la pièce nécessaire pour le loger. Cette prise de possession a lieu à Pâques ou au 23 avril, et ce n'est qu'à la saint Jean de l'année suivante que le fermier entrant a le droit d'occuper l'habitation principale. Lorsqu'à cette première époque le fermier entrant prend jouissance de la jachère, le fermier sortant lui cède toutes ses étables et bergeries, et seulement une petite écurie pour le logement de ses chevaux. Il conserve pour lui la principale, et fait alors sortir de la ferme ses bêtes à cornes et ses moutons ; mais il garde ses chevaux pour rentrer sa dernière récolte qui est en terre, et une vache par charrue ou par 42 hectares 20 ares pour l'alimentation de sa maison.

Dans le canton d'Étampes (2) le fermier entrant a droit à la jouissance de la pièce principale, dans ce qu'on appelle vulgairement la maison, et à la communauté du fournil, à dater du 23 avril, et comme les fermes y sont plus considérables, le fermier entrant y peut exiger plus que dans les cantons voisins. Aussi a-t-il droit à la plus grande partie de l'écurie : le fermier sortant ne doit y conserver que l'espace nécessaire pour loger un cheval par charrue. Il a droit en même temps à un grenier pour loger le fourrage et l'avoine qu'il est obligé d'apporter. Le 23 avril de l'année suivante, il prend possession de la totalité des bergeries, ainsi que des vacheries, mais cependant en réservant en faveur du fermier sortant l'espace nécessaire pour loger une vache par charrue. Au 24 juin il a droit à toutes les granges, au 24 juillet à tous les greniers.

---

(1) MM. Gillet de la Renommière, et Boquet, de Dannemois.
(2) M. Henin.

Dans le canton de Méréville (1) le fermier sortant doit de même céder à son successeur, à l'époque de son entrée, c'est-à-dire le 23 avril, un espace dans son habitation personnelle suffisant pour y coucher et y faire la cuisine de ses domestiques; puis, après sa dernière récolte, il cède à l'entrant le logement qu'il s'était réservé, et prend à son tour possession de celui qu'il avait cédé à son successeur. Ce même jour de saint Georges, 23 avril, le fermier entrant prend possession de la ferme avec tout son bétail et son attirail de labour. Il a droit aux greniers et aux autres logements convenables pour resserrer le fourrage et les grains nécessaires à la nourriture de ses animaux ; mais le sortant conserve, jusqu'à ce qu'il ait fini de battre sa dernière récolte, une place dans la vacherie pour y loger deux vaches à raison de cent hectares de terre. Au jour de l'entrée, c'est-à-dire le 23 avril, le fermier entrant arrive avec tous ses bestiaux, chevaux, vaches, moutons, même avec sa volaille : rien de plus naturel en effet, car lui seul a désormais le droit de lever les jachères ou de les laisser pour l'alimentation de son bétail; lui seul a le droit de semer des pois ou des vesces pour le nourrir jusqu'à la moisson, époque où il trouve la vaine pâture à laquelle le fermier sortant n'a plus aucun droit.

Cette date du 23 avril ou de Pâques ne se rencontre guère que dans les arrondissements de Corbeil et d'Étampes. Dans celui de Rambouillet, nous retrouvons celle de la Saint-Martin qui joue un si grand rôle dans la vie des populations rurales. Toutefois, dans le canton même de Rambouillet (2), ce n'est que le 15 avril qui suit la levée

---

(1) M. Roullier.
(2) M. Lefebvre.

des jachères que le fermier entrant peut se mettre en possession de quelques-uns des locaux de la ferme. C'est le 23 du même mois dans quelques parties du canton sud de Dourdan.

Dans les cantons limitrophes, le fermier entrant a le droit de commencer à labourer les terres de la sole qu'on doit lui laisser en jachère, à partir du lendemain de la Saint-Martin (12 novembre) ; à compter de ce jour également, il a droit à une partie de l'habitation dans laquelle il puisse préparer la nourriture de ses domestiques. C'est ordinairement le fournil qui est abandonné pour cet usage. Bien plus, dans les fermes d'une certaine importance, on donne presque toujours, en sus du fournil, une chambre qui doit servir au logement personnel du fermier entrant. Les granges et les greniers sont livrés le 24 juin qui suit la dernière récolte.

Dans le canton de Limours (1), le fermier entrant a le droit, le jour de son entrée en jouissance, c'est-à-dire le 11 novembre, à un logement personnel, à celui des chevaux nécessaires à la levée des jachères, et à un grenier pour leur avoine et leur foin. Un an après, il échange avec le fermier sortant tous les locaux dont celui-ci était en possession.

A Dourdan, *canton sud*, on conserve encore quelques uns des usages de l'arrondissement d'Étampes (2). Ainsi, le 23 avril, le fermier entrant a droit à deux chambres, dont l'une pour lui, l'autre pour ses domestiques, et les conserve jusqu'au 1.er octobre, mais, à partir de ce jour, il prend l'habitation que le fermier sortant s'était réservée, et

---

(1) M. Leroux.
(2) M. Lajotte.

cède les deux chambres qu'il avait primitivement occupées
à ce dernier qui en jouira jusqu'au 24 juin , époque de sa
sortie. Quelquefois aussi le fermier entrant a droit à la
moitié des bâtiments d'exploitation (1). Le sortant abandonne définitivement la cuisine et le fournil le 15 septembre. Quand à l'autre moitié de l'habitation personnelle , il la conserve , comme ailleurs, jusqu'au 24 juin
de l'année suivante. Pour ce qui est des animaux , le fermier entrant amène au 23 avril ses chevaux *seulement* ; il
n'a droit alors qu'à une écurie, à un petit grenier pour son
avoine et à un autre pour ses fourrages; mais au 1.er octobre
il peut amener ses vaches et son troupeau, et prend possession des étables et des bergeries. Assez souvent le fermier
sortant a le droit de conserver un cheval par 40 hectares
de terre qu'il abandonne ; il garde également deux vaches.
De même pour les moutons , le fermier entrant peut les
amener le 23 avril ; sur quelques points le 15 du même
mois ; mais dans quelques localités le fermier sortant est
tenu d'en conserver jusqu'au 1.er décembre un nombre
suffisant ; il a alors jusqu'à cette époque toute liberté
pour le parcage. Toutefois dans la presque totalité de
l'arrondissement, les vaches et les moutons ne doivent
entrer dans la ferme que le 11 novembre qui suit la dernière récolte.

A Chevreuse (2), le fermier entrant a droit le 11 novembre qui suit l'avant-dernière récolte, à un logement
pour sa personne , à une portion de l'écurie, et mieux
lorsque cela est possible à une écurie séparée ainsi qu'à
un grenier ou à tout autre emplacement convenable pour.

---

(1) M. Rabier.
(2) M. d'Alzac.

mettre son avoine et son fourrage ; car il commence alors
à labourer , et doit surveiller surtout la transformation des
pailles en fumiers pour ne point manquer d'engrais (1).
Le 11 novembre de l'année où commence sa jouissance ,
il amène à la ferme tous ses bestiaux ; il prend alors possession de tous les bâtiments de l'habitation , sauf d'une
chambre qu'il laisse au fermier sortant jusqu'à la St-
Jean , époque où ses grains finissent d'être battus. Ce
dernier conserve également les chevaux nécessaires au
charroi de ses grains et fourrages.

Des usages analogues régissent le canton de Montfort.
Dans une partie du canton , le fermier entrant prend possession des bergeries , vacheries, etc., le 11 novembre,
jour de l'expiration du bail , et des granges et chambres à
grain le 24 juin de l'année suivante. A partir du 11 novembre , le fermier entrant a remplacé dans l'habitation
personnelle et dans les autres logements le fermier sortant qui reprend jusqu'au 24 juin , ceux qui étaient occupés par son successeur. Les deux fermiers ont le droit
de cuire leur pain au four et jouissent en commun de la
cour , de l'abreuvoir et des passages nécessaires à la circulation (2). Sur d'autres points du même canton (3), le
1.er avril qui suit la levée des jachères, on doit livrer au
fermier entrant une écurie convenable pour ses chevaux ,
une chambre et un grenier pour ses fourrages. Quand au
11 novembre suivant, il prend possession de l'habitation
personnelle du fermier sortant , il s'empare également des
écuries, étables, bergeries, poulaillers et toits à porcs de

----

(1) M. Maillier.
(2) M. Leclère.
(3) M. Maillier.

la ferme. A ce moment il rend à son prédécesseur la petite écurie et il la reprendra le 24 juin suivant avec les chambres à grains, granges, greniers et hangars.

Dans le canton et une partie de l'arrondissement de Rambouillet (1), le fermier entre au 15 avril. Il prend la principale pièce, une place dans le fournil, la principale écurie, un grenier ou une chambre pour mettre son avoine, et un petit grenier à fourrage. Dans les fermes où l'exiguité des bâtiments ne permet pas de concéder autant au fermier entrant, le sortant reprend à l'entrée de la moisson, ordinairement le 1.ᵉʳ juillet, la partie de la ferme occupée par le fermier entrant, et au 1.ᵉʳ octobre, tout reprend sa place comme au 15 avril. C'est à cette date que le fermier entrant arrive pour lever les jachères avec ses chevaux et une vache ou deux seulement : le reste des bestiaux n'est introduit que le 1.ᵉʳ octobre. A cette époque le fermier sortant ne garde qu'une petite écurie pour un cheval ou deux, dont il a besoin pour conduire ses grains au marché suivant l'importance de sa culture ; plus un couple de vaches pour l'alimentation de sa maison.

Dans le canton de Corbeil, on retrouve quelques-uns des usages que nous avons signalés dans la partie méridionale du département de Seine-et-Oise. Ainsi, le fermier qui doit entrer dans une ferme (2), arrive pour prendre possession le lendemain de Pàques. Dans quelques baux cette entrée est déterminée d'une manière fixe par la date du 15 avril. Le fermier entrant arrive seulement avec les chevaux nécessaires pour exploiter les terres ; il n'a droit qu'à une écurie pour les loger et à un local pour resserer

_____

(1) M. Lefebvre.
(2) M. Marcille.

le fourrage; de plus il a droit à une chambre à coucher
pour lui, et à une pièce à feu pour la cuisine de ses domestiques ; le logement de la ferme se partage suivant la
disposition des lieux, et de manière à établir le moins de
communauté possible entre les deux occupants. Le fermier
sortant garde l'habitation principale jusqu'à Pâques de
l'année suivante ; à cette époque il doit la céder à son successeur, et prendre pour lui le petit logement. Tous les autres bâtiments, granges, greniers à fourrages et à grains,
écuries, étables, bergeries, hangars, restent jusqu'à Pâques
suivant à la destination du fermier sortant qui doit tenir
la ferme garnie de bestiaux jusqu'à cette époque, afin de
faire consommer, sur les lieux, les produits de la récolte
qui lui reste encore à faire, ainsi que ceux de la récolte
précédente. Passé cette époque, il conserve encore les
granges, tous les greniers à grains et une petite écurie
jusqu'à la St-Jean ou au 1.er juillet, époque de sa sortie
définitive. Il conserve les granges et tous les greniers à
grains jusqu'au 24 juin ou au 1er juillet, où il doit définitivement quitter la ferme.

Les mêmes usages régissent le canton d'Arpajon (1). Au
jour de Pâques qui précède son entrée définitive, le fermier entrant a droit à une portion de l'habitation, ordinairement le fournil ; plus à une chambre pour coucher.
Un an après son entrée, à Pâques, le fermier entrant reprend les principaux logements, et le sortant se retire jusqu'à sa sortie dans les petits; on lui donne une écurie pour
loger les chevaux nécessaires à la levée des jachères, et
un local ou grenier pour sa paille et ses fourrages ; il peut
amener avec ses chevaux une ou deux vaches ; mais il

____

(1) M. Petit, de Leudeville.

nourrit les uns et les autres à ses frais. A l'expiration de l'année, les deux fermiers échangent entre eux les locaux qu'ils avaient précédemment occupés. Il en est de même dans le canton de Boissy-St.-Léger (1), avec cette différence, cependant, que plusieurs baux mettent actuellement la levée des jachères à la St.-Martin qui précède la dernière récolte. Dans tout état de cause, et quelle que soit l'exploitation, on ne peut moins faire que de livrer au fermier entrant une écurie pour les chevaux qui doivent lever les jachères.

Dans l'arrondissement de Mantes ce sont à peu près, mais sauf la date, les mêmes usages. Le fermier entrant a droit, dès la levée des jachères, dont l'assolement triennal a en partie laissé subsister la pratique, et, dans le canton de Mantes, le 1.er avril qui précède sa dernière récolte, a deux pièces dans l'habitation de celui qu'il remplace. Au 11 novembre suivant ou de l'année suivante, selon la date de son entrée, le fermier entrant doit prendre possession des autres locaux. Le fermier sortant s'empare, de son côté, des deux pièces du fermier entrant, afin de pouvoir surveiller le battage de ses grains et le transport de ses denrées au marché, et à son tour, doit les livrer avec le reste de la ferme, le 24 du mois de juin qui finit la dernière récolte. Le fermier entrant a droit à l'époque de la levée des jachères, à une écurie pour le logement des chevaux et à un grenier pour y déposer leur nourriture. Le 11 novembre suivant, il rend ces locaux au fermier sortant qui les quitte définitivement le 24 juin. Les moutons, vaches, bêtes à l'engrais, n'entrent qu'à la St.-

---

(1) M. Bonfils, de Montgeron.
(2) M. Fréville, de Flacourt.

Martin qui suit la levée des jachères (1). On peut dire encore que la prise de possession de la ferme subit trois phases distinctes et successives : au 11 novembre pour la levée des jachères, au 1.er septembre suivant pour l'ensemencement de la première récolte, et au 24 juin suivant pour la prise de possession du reste de l'habitation et des terres de la ferme. Ce sont en effet ces trois dates qui règlent le plus généralement l'usage du canton de Limay. Pour les bestiaux, c'est-à-dire les vaches et les moutons, c'est ordinairement le 15 mars qu'ils quittent les fermes dans ce canton (2).

A Houdan, c'est habituellement dans les premiers jours du mois d'avril de l'année de jouissance commençant le 11 novembre suivant, qu'on livre au fermier entrant une écurie suffisante pour les chevaux qui doivent lever les jachères, ainsi qu'un grenier à blé apte à contenir au moins pour un mois de fourrage, plus une chambre à feu, souvent le fournil pour préparer la cuisine des domestiques. Le 11 novembre suivant, il se fait un échange de logements entre le fermier entrant et le fermier sortant, qui ne peut plus, à cette époque, conserver que les granges et greniers contenant ses récoltes, et cela jusqu'au 24 juin suivant (3).

Dans le canton de Magny, le fermier entrant prend possession des terres à jachères le 11 novembre qui précède la dernière récolte du fermier sortant. Le même jour on lui livre une pièce à feu et une autre pièce à côté, suivant l'importance des bâtiments ; il a droit de cuire au four son

---

(1) MM. Bontoux, Guesnier, Michaux et de la Gastine.
(2) M. Deschamps.
(3) MM. le vicomte de Narcillac et Fréville, de Septeuil.

pain et celui de ses gens. On lui donne en outre une écurie pour les chevaux nécessaires à ses labours, un grenier pour leurs fourrages, une petite cave quand il y en a une, et une place pour mettre son bois. Le 11 novembre suivant, le fermier sortant prend les locaux qu'il avait concédés à l'entrant, et celui-ci prend possession, non-seulement de l'habitation principale, mais encore des étables, écuries, bergeries, remises, charreteries ou hangars; en un mot de tous les bâtiments, excepté des granges, des chambres à grains et des greniers que le fermier sortant conserve jusqu'au 24 juin. Par les mêmes raisons, il reste en possession de la principale cave ou du cellier jusqu'à la même époque (1).

Dans le canton de Bonnières, les chevaux seuls logent à la ferme à dater de la levée des jachères, les autres animaux n'entrent qu'à l'époque de l'entrée effective, c'est-à-dire le 11 novembre qui suit la première emblavure de froment (2); de même dans les cantons de Houdan et de Magny. Dans ce dernier les bestiaux du fermier entrant ont droit, à partir de cette époque, à consommer les pailles de la ferme.

Quelques variantes, mais qui cependant ne détruisent pas l'uniformité dans les usages ruraux du Département, vont se rencontrer dans l'arrondissement de Versailles, mais elles s'expliquent naturellement par l'étendue des exploitations et la richesse des fermes. Le fermier entrant arrive toujours, pour la levée des jachères, à la Saint-Martin qui précède la dernière récolte. Le fermier sortant lui remet alors le fournil pour cuire le pain des domesti-

---

(1) MM. Michaux et de la Gastine.
(2) M. Troguon.

ques, un jour par semaine, une chambre à feu pour faire la cuisine et une autre pour coucher les domestiques, un local pour l'avoine des chevaux, un grenier pour leur fourrage, une cave ou cellier pour le cidre, et une écurie selon l'importance de la ferme. A la Saint-Martin de l'année suivante, les rôles changent entre le fermier entrant et le fermier sortant, sauf que ce dernier conserve la chambre à grains, les granges, les greniers à fourrages et à foin; mais ces derniers seront remis au fermier entrant le 1.er juin, et en bon état de réparations locatives, pour l'engrangement de sa récolte de foin. Les autres granges, les greniers, la chambre à blé, les objets immeubles par destination, sont remis au fermier entrant le 24 juin de la dernière année du bail avec les clés, et après qu'un état des lieux a constaté toutes les réparations locatives. Le fermier entrant ne peut amener ses vaches, ses moutons, et tous les chevaux nécessaires à son exploitation, que le 11 novembre de la dernière année du bail (1). Dans le canton de Palaiseau, l'échange des logements a ordinairement lieu le 24 juin et non le 11 novembre; on cède au fermier entrant, en même-temps que le fournil, une écurie suffisante pour contenir le nombre de chevaux nécessaires à la levée des jachères, ainsi qu'un grenier. Le 24 juin suivant on fait un échange d'écurie; le fermier sortant garde la bergerie et le troupeau jusqu'au 24 juin de l'année suivante, époque où il a terminé le battage de ses grains; il a jusque-là le droit de consommer les pailles, à moins de clauses spéciales et dérogatoires : aussi est-ce à lui de sortir les fumiers de la bergerie et de l'écurie et de les disposer en tas convenables dans la cour de la ferme.

---

(1) MM. Peron, de Villacoublay, et Degeneté aîné.

Le jour de saint Martin, à midi, qui suit la dernière récolte, tous les animaux, sans exception, du fermier sortant, doivent quitter la ferme, sauf trois ou quatre chevaux nécessaires pour porter les produits au marché.

Le canton de Marly-le-Roi est régi par des usages analogues, du moins pour les parties consacrées à la grande culture. Le fermier sortant doit au fermier entrant les locaux qui lui sont indispensables pour commencer son exploitation. Ainsi, dans une ferme de 150 hectares, par exemple, ce dernier a droit à une pièce à feu pour son logement personnel ou celui de son préposé, et à l'usage du four pour faire cuire son pain et celui de ses domestiques. On lui donne une écurie pouvant contenir au moins sept chevaux, une chambre pour une quantité d'avoine égale au moins à huit jours de nourriture, et un grenier pour le fourrage pendant le même temps. Le fermier sortant doit mettre le fermier entrant en possession de ces locaux le 11 novembre qui précède sa dernière récolte, pour en jouir jusqu'à la Saint-Martin de l'année suivante. A cette époque les rôles s'intervertissent, et le fermier sortant met le fermier entrant en possession de tout ce dont il jouissait auparavant. A la Saint-Martin qui suit la dernière récolte, il lui cède les bergeries, les vacheries et même l'écurie, et reprend alors les locaux qu'il a donnés à son successeur à l'époque de son entrée dans la ferme (1).

De même dans le canton de Saint-Germain, le changement d'habitation s'y fait entre les deux fermiers aux époques que nous venons d'indiquer. Le nouveau fermier n'amène que des chevaux pour l'exploitation des jachères.

____

(1) M. Pasquier père.

Aussi une écurie lui est-elle réservée jusqu'à l'ouverture de son bail, et le 11 novembre suivant il la rend au fermier sortant. Celui-ci alors ne conserve que ses chevaux pour porter ses produits au marché (1).

Dans celui de Meulan on livre également au fermier entrant une chambre à feu et une portion d'écurie lors de la levée des jachères ; l'habitation personnelle et les autres locaux au 11 novembre suivant ; et les greniers et les chambres à grains à la Saint-Jean, le 24 juin de l'année suivante. Il ne peut loger des animaux dans la ferme que lors de la sortie de son prédécesseur, c'est-à-dire à la Saint-Martin (2).

A Poissy, le fermier entrant prend à la Saint-Martin, 11 novembre, la jouissance d'un logement qui est habituellement le fournil. S'il y a deux caves on lui en donne une, et le 11 novembre de l'année suivante, il rend au fermier sortant les logements qui lui ont été cédés et reprend ceux que ce dernier s'était jusque-là conservés. A la levée des jachères, le fermier entrant prend également possession d'une écurie et d'un grenier à fourrage (3).

Quant au canton d'Argenteuil, il est tellement morcelé par la petite culture, que c'est à peine si l'on peut y trouver, à titre d'exception, deux fermes qui méritent ce nom : l'une à Bezons, l'autre à Montesson. Là les fermiers n'entrent en possession qu'après la sortie de leurs prédécesseurs. Le jour de la mise en possession le fermier sortant donne au fermier entrant un logement pour lui et ses domestiques. Cette entrée a lieu ordinairement le

---

(1) M. Perron, de Croissy.
(2) M. Guillemin.
(3) M. Gilbert, de Wideville.

11 novembre. Quant aux bestiaux, ils n'entrent qu'après le départ de ceux qui appartiennent au fermier sortant (1).

L'arrondissement de Pontoise est tellement étendu, les cultures y sont si variées, les cantons y diffèrent tant entre eux, que nous ne serons pas surpris d'y rencontrer dans les usages ruraux une très-grande diversité. Ainsi, le canton de Montmorency tombe peu à peu dans le domaine exclusif de la petite culture. Il ne possédait que quatre fermes, aujourd'hui réduites à trois par la division de l'une d'elles. Là le fermier sortant est obligé, comme ailleurs, de donner au fermier entrant une chambre pour lui, un logement pour ses charretiers et une écurie pour ses chevaux. Il entre en possession de ces locaux au 24 juin, et il occupe entièrement la ferme au 11 novembre, époque, de l'ensemencement des terres (2).

Dans les cantons de grande culture, au contraire, il est d'usage de livrer au fermier entrant le tiers des terres labourables le 11 novembre qui précède la dernière récolte du bail ; elles constituent la jachère que le nouvel occupant doit ensemencer en blé. Il lui est donné en même temps une portion de logement nécessaire pour faire cuire la nourriture des domestiques occupés pour son compte, sur la ferme. Il prend possession de toute la ferme le 24 juin qui précède le 11 novembre de l'année où le bail doit se terminer (3).

Dans le canton d'Ecouen, où sont généralement encore de grandes fermes, le fermier entrant au 11 novembre qui précède la dernière récolte du fermier sortant, prend possession des terres désignées sous le nom de jachères,

(1) M. Recappé fils.
(2) M. Dugué.
(3) M. Dhuicque.

et pour leur culture, a droit à une cuisine avec four, à une chambre de maître, à une écurie suffisante pour ses chevaux, à un grenier pour les fourrages, à une travée de hangar pour y serrer ses pailles et à une petite chambre à avoine. La porte d'entrée de la ferme est commune ; toutefois le fermier entrant est tenu de rentrer aux heures indiquées par le fermier sortant, mais il peut s'affranchir de cette obligation en se procurant une clé à ses frais.

Le 11 novembre qui suit la dernière récolte du fermier sortant, il prend possession de la totalité des terres, et comme alors son exploitation devient plus considérable, il a droit à un supplément de bâtiments et à un espace plus étendu, de manière à pouvoir loger un plus grand nombre de chevaux et resserrer leur nourriture. Le 24 juin qui suit la dernière récolte, il prend possession de la totalité des bâtiments (1) ; il en est de même dans le canton de Gonesse. Dans le canton de Marines et la partie septentrionale du Département, lors de la levée des jachères au 11 novembre, on cède à l'entrant une chambre à coucher, un grenier, lorsque la localité le permet, et une écurie pour les chevaux nécessaires à ses labours ; mais il n'entre en possession des étables et des bergeries que le 11 novembre suivant, et quelquefois même, dans certaines parties du canton, que le 15 mars qui précède la dernière récolte. Les chambres et greniers à grain sont livrés seulement à la Saint-Jean suivante (2). A cette date du 11 novembre, il se fait entre les deux fermiers un échange de logements.

Dans le canton de Pontoise, l'existence du chef-lieu

---

(1) M. Chartier.
(2) MM. Delacour et Tinet.

explique et légitime diverses variantes. Ainsi, là où la petite et la grande culture vivent pour ainsi dire côte à côte, il est nécessaire d'établir une distinction. Beaucoup de petits lots sont affermés en vertu de locations verbales; mais ces petits lots ont plus ou moins de 1 hectare 54 ares. Dans le premier cas il y a sole, et le fermier sortant doit, au 11 novembre, avant sa dernière récolte, laisser le tiers en jachères. C'est le dix août que locataires et propriétaires doivent mutuellement se prévenir, soit pour cesser la jouissance des terres, soit pour la continuer (1).

Au dessous de 1 hectare 54 ares il n'y a pas sole, et le tout doit être rendu à la Saint-Martin. Toutes les fois qu'il y a un bail écrit, il n'est pas nécessaire de donner congé, car le contrat porte avec lui le mode et les termes de la jouissance. Si au contraire il n'existe pas de bail écrit, et qu'il n'y ait pas de congé donné en temps utile, il y a lieu à tacite reconduction, pour trois, six ou neuf années, jusqu'à ce qu'il plaise au propriétaire ou au locataire de donner congé.

Lorsqu'un fermier prend au 11 novembre, avant la dernière récolte, possession des jachères, c'est à dire du tiers des terres labourables, jardin, bois, prés et patures exceptés, le fermier sortant doit lui livrer un logement pour lui, une écurie pour ses chevaux et un grenier pour mettre ses fourrages à couvert; il a de plus le droit de faire cuire dans le four le pain nécessaire à la nourriture de ses domestiques.

Le 11 novembre qui suit la dernière récolte, le fermier entrant prend à son tour possession de l'habitation du fermier sortant et de la grande écurie. Quant aux granges

____

(1) M. Thomassin.

et aux chambres à grains, elles ne sont livrées que le 24 juin suivant.

Entre le canton de Pontoise et celui de l'Isle-Adam , il n'y a que peu ou point de différence. Ainsi le fermier qui y succède à son confrère se met, au 11 novembre qui précède la dernière récolte, en possession des jachères, ainsi que de l'empaillement de la ferme , toutes les fois qu'elle est empaillée. On lui donne une écurie pour ses chevaux, un grenier pour ses fourrages et un petit logement pour ses domestiques. Le 11 novembre suivant , le fermier sortant échange son logement et son écurie contre le local provisoirement concédé à celui qui doit lui succéder. C'est ce qu'on appelle prendre les grands logements (1).

Ces usages ont toujours fait loi ; mais on a vu quelquefois des difficultés surgir entre le fermier entrant et le fermier sortant. On les rendrait impossibles pour l'avenir si on avait soin de désigner d'une manière exacte les pièces de la ferme que le fermier sortant devrait, en cas de mutation , livrer à son successeur, ainsi que l'étendue des droits de ce dernier.

3.ᵉ *question.* — Quels sont les usages relatifs à l'emploi des pailles, fumiers, fourrages, menus, et lors d'un changement de fermier ? — Le fermier sortant doit-il en laisser ? — Combien ?

Il est inutile d'insister sur l'importance de cette question , aussi ne serons nous pas étonnés de la trouver presque sur tous les points , résolue d'une manière uniforme.

Dans le canton de la Ferté-Alais (2), le fermier sortant a seul le droit à l'enfouragement ; mais il lui est formel-

______

(1) M. Ozanne.
(2) M. Legendre.

lement interdit d'en détourner quoique ce soit, c'est à dire qu'il n'a droit en aucun temps de vendre des pailles et surtout les deux dernières années du bail.

Toutefois, le fermier sortant n'est tenu de laisser ni prairies artificielles, ni menues pailles (1).

Ces dispositions, quoiqu'analogues, sont moins formelles cependant dans le canton de Milly (2). Les pailles sont, il est vrai, toutes employées dans la ferme, données en fourrages aux bestiaux ainsi qu'aux chevaux et converties en fumier pour l'engrais des terres (seulement le fermier en vend s'il en a plus qu'il ne peut en consommer); mais généralement il est d'usage que le fermier sortant laisse au fermier entrant toutes les pailles des deux dernières récoltes, ainsi que tous les fumiers qui peuvent exister dans la ferme.

Les pailles provenant de la dernière récolte appartiennent en totalité au fermier entrant, à l'exception seulement des menues pailles qui sortent du blé battu. Quant aux fourrages, on a le droit de vendre ce qui n'a pas été consommé dans la ferme (3).

Dans le canton d'Etampes (4), les pailles sont communes comme litière aux deux fermiers. Les menus sont consommés de préférence par le fermier sortant, qui, s'il en reste, ne peut les emporter. Le fumier et les pailles non consommés restent à la ferme ainsi que la balle ou menue paille de blé ou d'avoine.

De même dans le canton de Méréville (5) les pailles et

---

(1) M. Lesage, de Mondeville.
(2) M. Gillet de la Renommière.
(3) M. Boquet, de Dannemois.
(4) M. Henin.
(5) M. Rouillier.

les fumiers appartiennent à la ferme. Le fermier sortant n'a le droit d'employer ces derniers que jusqu'à la Saint-Martin qui précède sa sortie, afin d'engraisser les terres qui lui donneront sa dernière récolte. A partir de cette époque, tout le fumier reste à la ferme et à la disposition du fermier entrant qui doit prendre possession définitive de l'exploitation, le 23 avril suivant. C'est aussi jusqu'à cette époque que le fermier sortant peut employer la paille pour la consommation de ses animaux.

Sur d'autres points, il n'en est pas tout à fait de même. Le fermier sortant (1) conserve des fourrages pour l'alimentation de ses chevaux ; il n'en doit point laisser sur les terres à moins que son bail ne l'y oblige. Quant aux menus, ses droits sont les mêmes ; il emporte pailles et menus, en un mot tout ce qui peut s'ensacher. Cette disposition offre aujourd'hui un grave inconvénient, car au moyen des batteries on peut faire briser une partie de la paille, et dénaturer ainsi le sens des contrats. Dans les cantons de Limours, Chevreuse, Montfort et une partie du canton sud de Dourdan (2), les fumiers qui sont faits jusqu'au 11 novembre, appartiennent au fermier sortant, à la condition de les employer sur les terres qu'il ensemence en blé ; sont exceptés, toutefois, ceux provenant des poulailliers, qu'il est d'usage de répandre sur les prés et sur les herbes, en raison des mauvaises graines qui peuvent se trouver dans les menues pailles.

Il a seul le droit de faire fourrager les pailles de la pénultième récolte. Dans quelques localités il a le droit d'emporter chaque jour un menu par chaque batteur,

____

(1) M. Lefebvre.
(2) M. Maillier.

ainsi que les menues pailles qui s'en vont au van ; mais cet
usage qui dégénerait presque toujours en abus et était
une source de procès, a déjà disparu dans une grande
partie de l'arrondissement, par suite de la défense que font
les propriétaires de rien emporter. Ce nouvel usage, en
se généralisant, tournera à l'avantage des deux parties,
puisque le fermier sortant trouvera dans l'exploitation qu'il reprendra ce qu'il aura laissé dans celle qu'il
quitte, et aura de plus économisé les charrois.

On allait plus loin, on spécifiait même dans le canton
de Montfort, qu'outre les pailles au van et menus-blés
provenant de la dernière récolte, on pouvait emporter
un menu à trois liens, de deux mètres de long sur un
mètre de tour, par chaque journée de batteur, qui ne devait, du reste, pas battre moins de 40 gerbes par jour ;
mais là, comme ailleurs, c'est un usage qui tombe en désuétude. Aujourd'hui, dans la majeure partie de ce canton, le fermier sortant a le droit de faire fourrager toutes
les pailles provenant de l'avant-dernière récolte, mais
son successeur a le droit d'employer celles qui ont été
fourragées pour la litière de ses chevaux, à partir de la
levée des jachères. Tous les fumiers appartiennent au
fermier entrant, à dater du jour où il a le droit de lever
les jachères. C'est le fermier sortant qui doit les extraire
des écuries, étables et bergeries; mais c'est l'entrant qui
doit les mettre en tas.

Le fermier sortant a le droit de faire fourrager jusqu'au
11 novembre qui précède sa sortie, les pailles de la dernière récolte; mais à la charge, toutefois, de n'en employer que la quantité nécessaire. Jusqu'au 24 juin suivant, il peut employer pour la litière de ses chevaux qui
restent à la ferme et servent à transporter ses grains au

marché, les pailles fourragées par les bestiaux du fermier entrant. Les pailles provenant du battage des grains de la dernière récolte doivent être bottelées par le fermier sortant, et tassées par l'entrant, à partir du jour où elle lui profitent pour la nourriture de ses animaux. Quelquefois les fermiers sortants étaient tenus de jeter les pailles hors de la grange, sans les lier ; mais cette coutume, qui constituait un abus regrettable, tend aujourd'hui à disparaître. Toutes les menues pailles et les menus appartiennent au fermier sortant. Ceux-ci sont calculés à raison de 2 mètres de haut sur 1 mètre 65 de circonférence par chaque journée de batteur, évaluée à 40 gerbes ; mais la confection et la dimension de ces menus donnent souvent lieu à des difficultés qu'on préviendrait en prescrivant, par une clause spéciale des baux, qu'aucune paille ne sortira de la ferme, sauf au propriétaire à s'entendre sur ce point avec le fermier.

Quant aux foins, ils appartiennent au fermier sortant, mais les fumiers produits par la consommation de ces fourrages restent à la ferme (1). S'il a fait des colzas, pois ou vesces, en place d'avoine, il doit les laisser pour remplacer la paille ; mais, dans tous les cas, ce ne doit être que dans une très-faible proportion : il doit aussi toujours laisser les pailles des deux dernières récoltes.

Quelques fois aussi, dans ces mêmes localités et du côté de Chevreuse (2), l'usage tolère et par suite admet même la vente des pailles et fourrages pendant la durée du bail, à condition que le fermier les remplacera par des engrais achetés. Deux et même quelques fois trois ans

(1) M. Leclère.
(2) M. d'Abzac.

avant sa sortie, le fermier est obligé de convertir en fumiers toutes les pailles et menus sauf la dernière année,
où il les laisse sur place; il ne peut disposer que des fourrages. Comme conséquence naturelle, pendant toute la
dernière année, le fermier entrant, qui doit profiter des
fumiers, est obligé de curer les étables et les écuries.
A Limours (1), le fermier sortant doit laisser toutes les
pailles et menues pailles suivant les conventions du bail.
Le fourrage, tel que le foin et la luzerne, lui appartient;
il peut en disposer comme bon lui semble. Dans le canton
sud de Dourdan (2), non seulement les pailles, mais encore *les fourrages*, doivent être consommés dans la ferme.
Les fumiers doivent être à la disposition du fermier entrant; mais sur plusieurs points les menus peuvent être
enlevés de l'exploitation. Sur d'autres, au contraire (3),
le fermier sortant n'a le droit de vendre ni pailles ni *menus*;
il peut à son gré les laisser en nature ou les convertir en
fumier. Les fourrages de la dernière année appartiennent
au fermier sortant, mais il n'a droit qu'à ceux qui se
trouvent dans les blés ou dans les mars, et seulement
pour la première coupe, qui doit être terminée au 15 juillet; quant à ceux des jachères, ils appartiennent au fermier entrant.

Dans le reste de l'arrondissement de Rambouillet, il est
d'usage que les pailles et fumiers des deux dernières années
doivent rester à la propriété; seulement l'avant-dernière
récolte doit être, en partie, convertie en fumier. Lorsque le
changement de fermier s'opère, c'est-à-dire au 15 avril,

---

(1) M. Leroux.
(2) M. Lajotte.
(3) M. Rabier.

le sortant doit laisser de la paille pour litière du 15 avril à la moisson.

Dans le canton de Rambouillet, comme le fermier sortant est obligé de nourrir ses vaches et moutons jusqu'au 1.er octobre, il est forcé, s'il n'a de vieux fourrages, d'en laisser dans la saison des blés ou des mars ; mais lors de sa sortie définitive il a droit de les emporter.

Le même droit existe dans le canton de Limay et l'arrondissement de Mantes, mais avec quelques restrictions. Ainsi le fermier a le droit de consommer les pailles et fourrages (1), depuis l'époque de la récolte jusqu'au 11 novembre suivant ; cette consommation ne doit point dépasser 25 à 30 p. $\%$ des quantités d'approvisionnement.

Quant aux fumiers, le fermier sortant peut les utiliser jusqu'au 11 novembre : enfouis ou non, ils appartiennent au fermier entrant.

A moins de convention spéciale et contraire, insérée dans les baux, le fermier sortant n'a le droit d'enlever que deux bottes de menue paille pesant chacune 10 kil. par chaque journée de batteur ; plus les pailles au van.

On voit qu'il s'agit ici des fermes empaillées ; dans ce cas le fermier sortant n'a droit qu'à la consommation des pailles, sans en rien distraire, sauf l'exception que nous venons de poser (2). Seulement, sur quelques autres points (3), au lieu de deux menus par chaque journée de batteur, il est accordé au fermier sortant un menu par jour pour trois chevaux.

---

(1) M. Bontoux.
(2) M. Deschamps.
(3) M. Guesnier.

Quant aux fourrages, ce dernier en dispose jusqu'à la Saint-Martin qui précède sa sortie, et ordinairement à cette époque il n'en reste plus ; en resterait-il, il aurait le droit d'en disposer, mais cependant sans les laisser au-delà de la Saint-Martin dans les greniers de la ferme.

Dans le canton de Bonnières, le fermier sortant fait consommer sur place par ses bestiaux les pailles et fourrages de sa dernière récolte. Le fermier qui lui succède fait curer les étables et écuries et prend soin des fumiers. C'est en effet à son profit qu'ils doivent être employés désormais, car ils sont destinés aux jachères. Aussi le soin de leur manutention, et leur extraction des bergeries et écuries devient obligatoire dès le mois d'avril pour le fermier entrant. Les pailles et fourrages ne doivent être vendues ni distraites de la ferme à aucun titre, et souvent même les baux contiennent fixation d'un minimum à laisser, sans que l'excédant, s'il y en a, puisse profiter au fermier sortant (1).

De même, dans le canton de Houdan, le fermier doit employer à la nourriture de ses animaux ou convertir en fumier toutes les pailles ou fourrages provenant de ses récoltes. Seulement l'usage admet que le fermier puisse emporter les menues pailles au van, et une botte de paille de blé à trois liens, qui ne peuvent être allongés, par chaque journée de batteur. Le poids de chaque botte ne doit pas excéder 12 à 15 kilog. (2) ; car le poids et la quantité de ces menus ne sont pas toujours, dans ce canton, fixés d'une manière uniforme (3).

---

(1) MM. Michaux et de La Gastine.
(2) M. le vicomte de Narcillac.
(3) M. Fréville, de Septeuil.

Le canton de Magny nous offre les mêmes usages, mais avec des fixations plus précises encore. Ainsi, les bestiaux du fermier sortant consomment les pailles, fourrages et menus jusqu'au 11 novembre qui suit la dernière recolte. A partir de cette époque, ils doivent tous être réservés pour les bestiaux du fermier entrant, et dès lors tous les fumiers doivent être laissés à ce dernier pour l'amendement de la ferme.

Le fermier entrant a le droit de consommer le quart de la récolte jusqu'à la Saint-Martin; si cette quantité est dépassée, il doit une indemnité proportionnelle au fermier entrant; toutefois, sous cette dénomination ne sont pas comprises les luzernes, bourgognes, bizailles, foins et herbes artificielles de toute nature. Le fermier sortant a le droit d'enlever ce qui excède sa consommation, pourvu toutefois qu'il n'en ait pas fait de trop grandes quantités dans le but de dépouiller la ferme de ses pailles, et qu'il y maintienne toujours une quantité de bestiaux suffisante pour la pourvoir d'engrais (1).

Bien que, dans l'arrondissement de Versailles, on admette généralement que le fermier vende ses pailles à la condition de les remplacer par des engrais achetés, néanmoins il est d'usage (2) que le fermier sortant doit laisser dans la ferme les pailles des deux dernières années. Il a le droit de consommer toutes celles de l'avant-dernière récolte, mais à la charge d'en fournir au fermier entrant pour empailler ses chevaux. Il peut consommer la paille de la dernière récolte jusqu'au 11 novembre, jour où il ne doit plus avoir d'autres bestiaux que des chevaux pour

----

(1) M. Trognon.
(2) M. Degeneté aîné.

porter ses produits au marché, mais il ne peut en battre que le tiers. Passé cette époque, c'est le fermier entrant qui a droit à la consommation; il doit cependant laisser de la paille pour litière au sortant, qui, en outre, a droit aux menues pailles, et à un menu de 10 kilos par cheval, qu'il consommera dans la ferme jusqu'à sa sortie.

Les fumiers faits depuis l'avant-dernière récolte jusqu'au 11 novembre, peuvent être employés par le fermier sortant sur les terres qu'il ensemence en récoltes d'hiver; mais après cette date, c'est le fermier entrant qui a droit d'en disposer.

De même, dans le canton de Palaiseau, le fermier sortant ne peut vendre les pailles des deux dernières récoltes; il doit les convertir en fumiers; c'est aussi à lui qu'incombe le soin de porter dans les champs les fumiers provenant de l'avant-dernière récolte, parce qu'ils doivent servir à fumer son dernier blé. Quant à ceux de la dernière récolte, ils sont mis en tas dans la cour et à la disposition du fermier entrant (1).

Dans le canton de Saint-Germain, l'usage est différent; car les pailles et menues pailles restent au fermier entrant, ainsi que les fumiers (2); celles-ci, en tant, toutefois, qu'elles proviennent des deux dernières années, doivent être consommées dans la ferme et converties en fumier. Le fermier sortant ne peut en disposer, mais il n'en est pas de même des fourrages.

Dans le canton de Marly (3) le fermier sortant a le droit de faire consommer toutes les pailles de l'avant-dernière

---

(1) M. V. Pigeon.
(2) M. Perron.
(3) M. Pasquier père.

récolte, et une partie de celles de la dernière ; mais jusqu'au 11 novembre qui précède sa dernière récolte seulement. A partir de cette époque, le fermier entrant vient s'établir dans la ferme avec tous ses bestiaux, et a à sa disposition tout ce qui reste de paille. Le sortant a alors droit à un menu par chaque journée de batteur de blé ; quand le poids n'en est pas fixé par le bail, il peut être lié de trois liens identiques à ceux qui ont servi à rentrer la récolte, et ne doit pas excéder deux mètres de hauteur ; il a droit aussi à toutes les menues-pailles au van provenant du nettoyage des grains ; mais tous les fumiers venant de son avant-dernière récolte sont à la disposition de son successeur.

A Poissy (1), le fermier, à son avant-dernière récolte, emploie ses pailles, fourrages et menus pour la nourriture de ses animaux. Le fermier entrant n'a droit qu'à la litière pour ses chevaux. Les fumiers faits après le 11 novembre à l'époque de la levée des jachères, appartiennent au fermier entrant ; il est obligé en conséquence de les enlever au fur et à mesure des écuries, bergeries ou vacheries. Le fermier sortant lui laisse également toutes les pailles de la dernière récolte sans que la quantité en soit fixée ; mais il a le droit de les faire fourrager par ses animaux jusqu'au 11 octobre qui précède sa sortie définitive ; il n'a le droit d'emporter avec lui que les menus et menues-pailles. Dans le canton de Meulan les pailles, fumiers, fourrages, menus appartiennent ordinairement à la ferme, et le fermier doit conséquemment les laisser en totalité à son successeur ; quelquefois cependant, son bail lui donne le droit d'emporter une partie des menus (2).

(1) M. Gilbert.
(2) M. Guilemin.

A Argenteuil, où la culture est, pour ainsi dire, exclusivement parcellaire, et faite en vue du placement de tous les produits sur les marchés voisins, le fermier n'est point assujéti, sauf toutefois l'existence de conventions particulières, à laisser des pailles ou des fumiers au fermier entrant (1).

Dans l'arrondissement de Corbeil, bien que la plupart des baux continuent de porter l'interdiction de ne vendre ni pailles ni fourrages, l'usage a cependant établi **que** tous les cultivateurs pouvaient vendre des pailles et des fourrages pendant le cours de leur bail, à l'exception des deux dernières années, où cette vente est complètement interdite; toutes les pailles doivent être consommées sur la ferme par les bestiaux que doit y entretenir le fermier sortant, à l'exception des menues-pailles qui s'ensachent et qu'il peut emporter. Les menus ou boitaux étaient encore emportés à une époque récente; mais comme cet usage donnait lieu à beaucoup d'abus et souvent à la fraude, il a été supprimé. Les fourrages sont considérés comme récoltes, et si le fermier en a plus qu'il ne lui en faut pour nourrir ses bestiaux, il peut en disposer librement. Les fumiers, à partir du 11 novembre qui précède l'entrée en jouissance, doivent rester à la ferme pour être employés par le fermier entrant à fumer sa sole de jachère. Quant aux pailles, si elles sont trop abondantes pour être consommées par les bestiaux de la ferme, elles doivent aussi rester à l'exploitation, et être rangées, ainsi **que** les fumiers, par le fermier sortant, comme s'il devait continuer à exploiter (2).

---

(1) M. Récappé fils.
(2) M. Marcille.

Dans le canton d'Arpajon, même usage. Le fermier sortant fume les blés de sa dernière récolte avec les fumiers qui sont dans sa cour, et fait son parc avec ses moutons, mais jusqu'à la Saint-Martin ; à partir de cette époque, le fermier entrant a droit au fumier. Le fermier sortant ne peut plus disposer des pailles que son successeur fait tasser en sortant de la grange ; mais à moins de stipulations contraires, les fourrages et les menus lui appartiennent (1).

Quelquefois c'est à peine s'il y a trace d'usage. Ainsi, dans le canton de Montmorency (2) le fermier entrant reçoit une certaine quantité de paille, et en rend autant à la fin de son bail ; ordinairement c'est le tiers du produit de la ferme ; mais rien n'est fixé à cet égard, et ce silence s'explique en partie par l'absence presque totale de grandes exploitations dans ce canton : l'usage se retrouve bientôt dans les cantons de grande culture. Ainsi, dans celui de Luzarches (3), les baux obligent le fermier sortant à convertir en fumier toutes les pailles provenant de sa dernière récolte, et en outre à les déposer sur les terres qui sont en jachères à trois époques différentes, Pâques, Noël et Saint-Jean.

Dans le canton voisin, celui d'Écouen (4), la clause qui obligeait à convertir les pailles en fumiers n'est pas aujourd'hui rigoureusement observée, mais lorsqu'il y a lieu de l'exécuter, il est d'usage de n'y consacrer que les deux tiers de la totalité des pailles récoltées. Quand le

---

(1) M. Petit, de Leudeville.
(2) M. Dugué.
(3) M. Dhuicque.
(4) M. Chartier.

fermier sortant est dans l'obligation de rendre des fumiers,
la quantité à rendre est, selon l'usage : 1.° le tiers de la
sole de blé ou un neuvième de la totalité des terres en culture ; ce tiers doit avoir été déposé dans les champs ense-
mencés en blé pour la dernière récolte ; 2.° le tiers de la
sole de jachère ou un neuvième des terres en culture ; ce
tiers est dans la cour et quand il sera pris, son transport
sera à la charge du fermier entrant : le dernier tiers est
représenté par des pailles en nature. Dans le canton de
Gonesse, c'est l'objet d'une convention particulière entre
le propriétaire et le fermier; mais dans une exploitation
bien ordonnée, ce dernier doit laisser une certaine quantité de paille, et tous les fumiers faits au moment de sa
sortie (1).

Dans le canton de Pontoise (2) et dans ses environs, tous
les fumiers de la ferme sont à la disposition du fermier entrant, à compter du jour où il entre en jouissance des terres
en jachères; il n'a droit à aucun menu ni à aucunes pailles,
excepté lorsqu'il y a clause contraire. Autrefois le fermier
faisait couper ses blés à o mèt. 32 c. de hauteur et en vendait
les chaumes ; mais cet usage donnait lieu à de nombreuses
difficultés. Il s'est trouvé naturellement supprimé par suite
de l'introduction, chaque jour plus générale, de la faux dans
la moisson des céréales. Le fermier sortant a néanmoins
toute latitude de consommer en nature les pailles de blé
et d'avoine jusqu'à son départ de la ferme (3).

Dans le canton de Marines, il est généralement d'usage
que le fermier sortant fasse consommer dans la ferme toutes les pailles, fourrages et menus, à l'exception de ce

---

(1) M. Bignan.
(2) M. Thomassin.
(3) M. Ozanne.

qu'il doit laisser à son successeur ; ce dernier doit transporter tous les fumiers sur les jachères. Quelquefois on fixe dans les baux par une clause spéciale, le nombre de voitures de fumier et la quantité de bottes de paille qui doivent être laissées par le fermier sortant. Ces prescriptions, en se généralisant, ce qui serait désirable, préviendraient souvent l'existence de beaucoup de difficultés (1).

4.e *Question.*—Quels sont les usages relatifs au parcage des moutons et au paturage à observer par le fermier entrant?

Dans le canton de La Ferté-Alais (2), le fermier sortant ne doit aucun parcage, cependant il a seul droit au paturage. A Milly (3), le fermier peut disposer dès son entrée, pour le parcage et le paturage de ses moutons et vaches des jachères dont il a pris possession, et qui représentent le tiers des terres de la ferme. Il est logique en effet que du moment qu'il y porte des engrais pour la prochaine récolte, il soit libre de les fumer de la manière qu'il juge être la plus avantageuse à ses intérêts. D'un autre côté le fermier sortant n'ayant plus de moutons, il ne doit conséquemment avoir droit, ni au parcage ni au paturage (4). De même à Etampes (5), le parcage et le paturage appartiennent au fermier entrant, à compter du 23 avril. En effet, à partir de ce jour, le fermier sortant ne doit plus avoir de moutons. Les mêmes usages régissent à cet égard le canton de Méréville (6).

Dans les cantons de Limours, Chevreuse, Montfort et

---

(1) M. Delacour.
(2) MM. Legendre et Lesage.
(3) M. Gillet de la Renommière.
(4) M. Boquet, de Dannemois.
(5) M. Henin.
(6) M. Rouillier.

une portion du canton nord de Dourdan, il est d'usage que
le fermier sortant conserve jusqu'au 11 novembre un troupeau en rapport avec l'importance de son exploitation.
Nécessairement il a droit au paturage sur toutes les terres
libres jusqu'au jour de sa sortie; mais cet usage ayant été
spécialement introduit pour la garantie du propriétaire,
il en résulte que le fermier sortant n'est pas tenu de parquer ses moutons s'il ne le juge pas convenable; mais les
fumiers faits dans la bergerie sont acquis au fermier entrant (1). Un ancien usage, il est vrai, donnait au fermier
sortant le droit de paturage sur les terres dites jachères;
cette prétention est aujourd'hui considérée comme nui-
sible, en ce quelle empêche le fermier entrant d'ensemencer ses jachères. Elle est, du reste, inutile, car ce
dernier, par ses labours successifs, rend le paturage im-
possible (2).

A Limours (3), le parcage est facultatif, mais le paturage appartient toujours au fermier sortant jusqu'au 11
novembre qui suit sa dernière récolte. Dans le canton sud
de Dourdan, le fermier sortant peut faire parquer son troupeau jusqu'au 1.er octobre, et conséquemment a droit au
paturage jusqu'à cette époque (4); dans aucun cas, il n'est
tenu au parcage; il peut les faire paître dans ses prairies,
quand il en a, jusqu'à la moisson, et après cette époque
sur tous les chaumes de la ferme (5).

A Rambouillet, de même que dans les environs, l'u-
sage n'est pas déterminé d'une manière fixe; il consiste

---

(1) MM. Maillier et d'Abzac.
(2) M. Leclère.
(3) M. Leroux.
(4) M. Lajotte.
(5) M. Rabier.

alors, pour ainsi dire en concessions réciproques. Le fermier sortant fait vivre ses moutons sur les jachères si elles ne sont pas levées trop tôt ; mais, comme cette nourriture est la plupart du temps insuffisante, il est obligé de conserver des fourrages pour eux, et pour ses vaches jusqu'à la moisson, sous peine d'être souvent embarrassé. A ce moment, il a, il est vrai, le droit de faire battre pour affourer à la bergerie jusqu'au 1.er octobre ; mais ce droit ne s'exerce pas sans soulever souvent de graves difficultés avec le fermier entrant qui, à tort ou à raison, prétend que la paille qui doit lui revenir est gaspillée.

Quant au parcage, le fermier sortant n'en doit point. L'entrant, qui ne peut encore avoir de troupeau, s'entend ordinairement avec son prédécesseur qui l'autorise à ensemencer quelques hectares en pois ou en vesces qui doivent être coupés ou mangés en vert, à la condition de lui parquer une égale quantité de terrain.

Dans l'arrondissement de Mantes (1), le fermier sortant est dans l'usage de mettre ses moutons au parc, du 24 juin au 11 novembre de l'année de sa dernière récolte. Ce parcage peut être au bénéfice du fermier entrant, si celui-ci le désire ; mais dans ce cas il doit en payer la valeur à dire d'expert au fermier sortant. C'est ordinairement 0,03 c. par tête et par nuit (2). Si celui-ci refuse, le fermier sortant a le droit de faire parquer son troupeau où bon lui semble : car il a seul le droit d'en posséder un jusqu'à la St-Martin. Ce mode de laisser au fermier sortant la propriété de parcage du 24 juin au 11 novembre de l'année de sa dernière récolte, est, il est vrai, consacré par l'u-

----

(1) M. Bontoux.
(2) M. Guesnier.

sage, mais il n'en est pas moins regrettable, car c'est laisser au fermier sortant un engrais dont il n'a plus besoin, pour le retirer à l'entrant auquel il serait bien plus utile ; on remédierait à cet inconvenient en obligeant les fermiers à enlever leurs moutons le 24 juin qui précède leur sortie définitive, ce qui permettrait à l'entrant de les amener à la même époque. Quant au paturage, il appartient au fermier sortant jusqu'au 11 novembre qui suit sa dernière récolte.

Dans le canton de Bonnières, il n'y a pas d'usage général pour le parcage des moutons, et c'est une lacune regrettable; seulement le parcours s'y exerce jusqu'au jour fixé par la levée des jachères (1).

A Houdan, l'usage est plus précis; bien que le paturage et le parcage des moutons appartiennent au fermier sortant jusqu'au 11 novembre qui suit sa dernière récolte (2); cependant, à moins de conventions particulières, le fermier sortant ne fait pas habituellement parquer cette dernière année de jouissance, car il ne doit pas avoir le profit de cette fumure; quant au parcours, il y a droit jusqu'au 11 novembre, époque de sa sortie. L'entrant, en effet, ne peut en profiter que s'il s'entend à cet égard avec le fermier sortant, puisqu'il n'a le droit d'ensemencer avant cette époque que la sole de jachère qui lui a été livrée au mois d'avril (3).

Dans l'arrondissement de Versailles, le fermier sortant a le droit de faire parquer ses moutons et de les faire paturer jusqu'au 11 novembre de sa dernière année (4). A Palaiseau,

(1) MM. Michaux et de la Gastine.
(2) M. Fréville.
(3) M. le vicomte de Narcillac.
(4) M. Degeneté.

au contraire, le paturage et le droit de consommer les
pailles n'appartient au fermier sortant que jusqu'au 24 juin
qui suit sa dernière récolte, c'est-à-dire, pendant tout le
temps du battage, à moins de conventions contraires (1).
Quelquefois aussi, là comme ailleurs, le parcage des moutons se règle entre les deux fermiers au point de vue de leurs
convenances personnelles (2). Le même usage régit notamment le canton de Saint-Germain (3).

Dans le canton de Marly (4), le fermier sortant a le droit
de faire paturer ses moutons jusqu'à la St.-Martin qui suit
sa dernière récolte ; mais il n'est point tenu de les faire parquer. Habituellement le fermier sortant et le fermier entrant s'entendent ensemble, et le second traite avec le
premier pour faire parquer à son profit, et à un prix amia-
blement débattu. De même à Poissy (5), le fermier sortant
n'est pas tenu de faire parquer, mais il faut alors que les
moutons couchent à la ferme. Quant au paturage, il ne lui
appartient que jusqu'au 11 novembre qui précède sa sortie. Dans le canton de Meulan, le parcage et le paturage
des moutons doivent de même y cesser avec la fin de la
jouissance et ne peuvent, dès-lors, s'y continuer qu'à la
charge par le fermier sortant d'indemniser le fermier entrant (6). Quant au canton d'Argenteuil (7), il se trouve
naturellement hors de la question à cause de l'infini mor-

---

(1) M. V. Pigeon.
(2) M. Peron.
(3) M. Perron, de Croissy.
(4) M. Pasquier père.
(5) M. Gilbert.
(6) M. Guillemin.
(7) M. Récappé fils.

cellement de la propriété. Aussi, le paturage, quand il y existe, n'est-il que le résultat d'une tolérance.

Dans le canton de Corbeil, il est d'usage que le fermier entretienne dans la ferme un troupeau proportionné à l'étendue de sa culture ; il doit faire parquer ce troupeau sur les terres de la ferme en temps et saisons convenables; mais il n'existe pas dans les baux de clause qui l'oblige à le faire gratuitement : aussi est-il d'usage qu'il reçoive une indemnité qui est ordinairement fixée à tant par hectare, et réglée suivant la force du parcage. Quant au paturage, il a le droit d'en faire profiter son troupeau sur toutes les terres non ensemencées de la ferme, jusqu'à l'époque de Pâques de sa dernière année (1). Dans les cantons d'Arpajon et de Boissy St.-Léger, le fermier jouit du paturage jusqu'à Pâques de la dernière année. Ses moutons habitent la bergerie, ses vaches les étables, consomment les pailles de la ferme, mais il ne doit point parquer pour le fermier entrant. S'il le fait, c'est par suite d'une convention amiable avec son successeur (2).

Sur la plupart des autres points nous retrouvons le même usage, mais avec une date différente. Ainsi, c'est jusqu'au 11 novembre qui suit sa dernière récolte, que le fermier sortant a droit au paturage sur toutes les terres non ensemencées de la ferme. Le fermier sortant n'est point tenu de parquer ; il peut, à sa volonté, mettre son troupeau au parc ou le laisser dans la bergerie, mais le plus souvent il traite avec son successeur, et moyennant une indemnité, fait parquer ses moutons pour le compte de ce dernier ; mais cela seulement dans les cantons de grande culture ;

---

(1) M. Marcille.
(2) MM. Petit, de Leudeville, et Bonfils, de Montgeron.

car dans les autres , notamment dans celui de Montmorency (1), l'usage est muet sur ce point; il en résulte que
les fermiers s'arrangent entre eux comme ils le jugent
convenable. Toutefois, dans le canton de Luzarches, l'usage
est inverse (2) : le fermier sortant ne doit point de parcage
mais comme le paturage lui appartient jusqu'au 11 novembre , il cède le droit d'en jouir à son lieu et place, soit
au fermier entrant, soit à qui bon lui semble.

Dans le canton d'Écouen , le fermier se trouvant au
11 novembre qui suit sa dernière récolte, dessaisi de la
totalité de ses terres , perd aussitôt, par cela même , ses
droits de pâturage et de parcage , mais il a droit de conserver ses moutons dans la ferme jusqu'à la Saint-Jean.
De son côté , le fermier entrant peut faire parquer et paturer ses moutons sur les terres dont il a été mis en possession , mais il ne saurait, avant la Saint-Jean , avoir le
droit de loger ses moutons dans la ferme (3). A Gonesse ,
il ne peut les faire parquer et paturer que sur les terres
qui lui sont livrées.

Dans les environs de Pontoise, et dans les cantons de Marines et de l'Isle-Adam (4), le parcage des moutons appartient au fermier sortant; mais très-souvent il arrive qu'il
parque pour le fermier entrant, à la charge par celui-ci
de payer au propriétaire du troupeau une indemnité qui
est ordinairement de 0,03 c. par tête , ou déterminée à
dire d'experts. Mais dans tous les cas , le paturage et le
parcours ne peuvent s'exercer au profit du fermier sortant

---

(1) M. Dugué.
(2) M. Dhuicque.
(3) M. Chartier.
(4) MM. Thomassin et Ozanne.

au-delà du 11 novembre, ou au plus tard du 15 mars qui suit sa dernière récolte (1).

5.ᵉ *Question.* — Existe t-il des prescriptions habituellement imposées aux fermiers sur la manière de cultiver, ou bien lui laisse-t-on à cet égard entière liberté, sous la réserve des autres conditions de son bail?

Cette question, une des plus intéressantes assurément de ce programme, en ce qu'elle touche d'une manière plus spéciale encore à l'histoire et aux progrès de l'Agriculture dans notre Département, est aussi une de celles qui nous offrira le plus de variantes, et cela d'autant plus que l'usage écrit, même prescrit, n'est pas toujours observé, ou même tend de plus en plus à tomber en désuétude. Ainsi (2), dans le canton de la Ferté-Alais, les fermiers sont tenus de ne *refraisser* ni dessaisonner, en aucun temps, les terres qui leur sont louées. A une année de jachère, ils doivent invariablement faire succéder un blé et ensuite une avoine, et n'ont le droit, d'après leurs baux, de cultiver aucune plante sarclée, tandis que dans le canton voisin, celui de Milly (⁑), bien que les baux contiennent habituellement certaines prescriptions, d'après lesquelles les fermiers doivent cultiver, qu'ils disent entre autres choses, et d'une manière générale, qu'ils ne doivent ni dessoler ni dessaisonner les terres ; cependant il est assez d'usage que dans le cours de son bail, le fermier cultive les terres de sa ferme comme il l'entend, sauf les trois dernières années, où il est tenu de les remettre par soles et saisons sans les surcharger, et sans préjudice de l'accomplissement des autres conditions de son bail.

---

(1) M. Delacour.
(2) M. Legendre.
(⁑) M. Gillet de la Renommière.

Dans le canton d'Étampes (1), on a continué à conserver dans les baux les anciennes clauses qui pres-
crivaient au fermier de cultiver par soles et saisons, mais
on ne l'exécute pas; seulement les refraissis sont bien dé-
fendus au fermier sortant, surtout la dernière année. Dans
le canton de Méréville, ce sont les mêmes usages (2),
le fermier a dû cultiver suivant les conditions du bail
passé entre lui et le propriétaire; mais suivant l'usage il
divise sa terre en trois soles.

Dans une grande partie de l'arrondissement de Rambouillet, bien que le fermier doive se conformer à l'obligation toute naturelle de cultiver en bon père de famille,
l'usage cependant lui laisse toute liberté, sauf pour les
deux dernières années, pendant lesquelles il doit revenir à
l'assolement triennal, afin de pouvoir livrer à son successeur, lorsqu'il entrera en possession, un tiers des terres
en chaume de blé, un tiers en chaume d'avoine, d'orge
ou grains ronds.

A Dourdan sud (3), il est entièrement libre, et à même le
droit, sans agrément préalable, d'ensemencer les jachères,
comme bon lui semble; mais la dernière année il ne peut
ensemencer que le tiers, sauf ce qui peut être réglé par le
bail, en vertu d'un acte dérogatoire.

Dans le canton de Montfort, bien que beaucoup de baux
conservent encore la condition de cultiver par soles et
saisons, toute liberté est laissée aux fermiers sur le mode
de culture qu'ils jugent le plus avantageux, sauf le réta-
blissement de l'assolement triennal à la fin des baux; on

----

(1) M. Henin.
(2) M. Rouillier.
(3) M. Rabier.

suit donc le même usage, sauf une légère exception que nous signalons ici. Tout en laissant à la fin du bail le tiers des terres en jachères, le fermier sortant peut ensemencer quelques hectares en pois ou en vesces, qui sont destinés à la nourriture de son bétail et consommés en vert (1).

Dans le canton de Houdan nous mentionnerons seulement que, sur les parties de la ferme qui sont en prairies artificielles, le fermier sortant est obligé, à la fin de son bail, d'en avoir une partie en plein rapport et n'ayant pas plus de trois années de pousse (2).

Sur toutes les autres parties de l'arrondissement, les fermiers ont, malgré les baux, qui souvent sont copiés invariablement les uns sur les autres, faculté de cultiver comme ils l'entendent ; mais à la charge toutefois de laisser les trois dernières années par soles et par classes égales.

De même dans l'arrondissement de Mantes. Là, comme sur les autres points du Département, de deux choses l'une, ou les propriétaires laissent à leurs fermiers entière liberté, ou les prescriptions portées aux baux sont, d'un accord tacite, considérées comme lettre morte.

Dans quelques cantons, comme par exemple à Magny (3), on pose en principe, mais en termes généraux, que le fermier doit cultiver suivant l'usage, et par conséquent ne rien faire qui pourrait diminuer les engrais ou la quantité des pailles ; toutefois, dans les dernières années du bail, l'usage reprend son empire et veut que le fermier rétablisse l'assolement, si, dans les années précédentes, il a cru devoir le déranger.

___

(1) M. Maillier.
(2) M. le vicomte de Narcillac.
(3) M. Trognon.

Dans le canton de Versailles et dans ses environs, on continue bien à imposer au fermier l'obligation de cultiver par sole et saison ; mais il est sous-entendu que cette prescription ne s'applique spécialement qu'aux dernières années, afin qu'il puisse laisser, suivant l'usage, à la fin de son bail, un tiers en jachère, un tiers en chaume de blé et un autre tiers en chaume d'avoine.

Le canton de Marly est régi par les mêmes usages, seulement l'élévation successive et simultanée du prix des terres et des baux y fait souvent déroger à l'ancien usage, qui voulait que le fermier sortant laissât à son successeur le tiers des terres en jachère (1).

Dans le canton de Saint-Germain, le fermier conserve jusqu'à la dernière année de son bail la liberté de cultiver suivant le mode qui lui paraît le plus convenable ; mais à ce moment il doit laisser au fermier entrant un tiers de la ferme soit en jachères, soit en prairie artificielle ou naturelle (2). Dans le canton de Poissy, cette prescription s'étend aux trois dernières années du bail, où il doit assoler par tiers les terres en culture, un tiers en blé, un tiers en avoine, et le reste en jachères (3). Le même usage se retrouve dans le canton de Meulan (4). Dans le canton d'Argenteuil, les clauses habituelles des anciens baux, quand elles sont reproduites par la routine, ne sont, dans un intérêt commun, pour ainsi dire, jamais exécutées (5).

Dans le canton de Corbeil et dans celui de Boissy-Saint-Léger, bien que les baux, souvent copiés sur des baux

---

(1) M. Pasquier père.
(2) M. Perron.
(3) M. Victor Gilbert.
(4) M. Guillemin.
(5) M. Récappé fils.

faits pour une autre époque, imposent au fermier l'obligation de cultiver par sole et saison, sans refraisser ni
effruiter, il est d'usage depuis longues années, qu'il cultive comme bon lui semble dans le cours de son bail ; seulement, dans les trois dernières années, il doit toujours
partager sa culture par tiers, afin de pouvoir livrer un de
ces tiers en jachère à son successeur, à son entrée en possession, et récolter un tiers en blé et un tiers en avoine, à
moins de clauses particulières qui lui permettent de déroger à cet ancien usage (1). Sur quelques points, notamment du côté d'Arpajon, bien que l'assolement triennal y
soit encore la règle, beaucoup de baux nouveaux ont
prescrit l'assolement quadriennal, avec introduction des
trèfles et autres prairies artificielles en assolement régu-
lier (2).

Dans l'arrondissement de Pontoise nous trouvons quelques variantes ; mais elles sont peu nombreuses. Ainsi
dans le canton de Montmorency (3), chaque bail a des
clauses particulières. En général le fermier doit laisser
autant de jachères qu'il en a reçues ; il ne peut ni détériorer
ni dessoler les terres, ni même en fin de bail y semer des
navets. A Luzarches, les baux obligent à suivre le système triennal dans les trois dernières années, mais comme
on y suit le système alterne, l'usage a prévalu de rendre
les terres dans l'état où elles se trouvent (4).

Dans le canton d'Ecouen (5) les clauses portant obligation de ne dessoler ni dessaisonner, bien qu'écrites dans

---

(1) MM. Marcille et Bonfils.
(2) M. Petit, de Leudeville.
(3) M. Dugué.
(4) M. Dhuicque.
(5) M. Chartier.

les baux, ne sont jamais rigoureusement suivies, parce qu'on n'a pas tardé à les reconnaître comme incompatibles avec les progrès de la culture ; de même dans le canton de Gonesse, le fermier cultive comme il l'entend.

Ces usages se généralisent, car nous les retrouvons encore, dans les cantons de Pontoise, de l'Isle-Adam et de Marines. Le fermier cultive comme bon lui semble pendant le cours de son bail ; seulement, il doit à la fin laisser à son successeur le tiers de ses terres, lors de son entrée en jouissance et par classes égales (1).

6.ᵉ *Question.* — Quels sont les usages relatifs à la délivrance des terres au fermier entrant ?

Nous trouverons sur cette question extrêmement peu de variantes. Partout on délivre au fermier entrant le tiers des terres labourables. Ainsi dans le canton de La Ferté-Alais, le fermier entrant s'empare aussitôt du tiers laissé en jachère ; il prend possession des deux autres tiers au fur et à mesure qu'ils sont dépouillés de leur récolte; seulement il n'a pas le droit de faire labourer les chaumes d'avoine.

L'usage est le même dans le canton de Milly ; il en est de même à Étampes et à Méréville, où les terres en jachères doivent être livrées, de rigueur, au fermier entrant le 23 avril; les autres au fur et à mesure quelles sont dépouillées de leur récolte.

Dans les cantons de Limours, Chevreuse, Montfort, et une portion du canton nord de Dourdan, le fermier entrant a droit à la délivrance du tiers des terres le 11 novembre qui suit l'avant-dernière récolte, dans quelques localités les 15 ou 23 avril, et des deux autres tiers le

____

(1) MM. Thomassin, Ozanne, Delacour et Tinet.

1 1 novembre suivant. Cette date est quelquefois celle du
1.er novembre dans une partie du canton sud de Dourdan ;
parfois dans le canton nord le 1.er octobre (1).

Sur quelques autres points de l'arrondissement de Rambouillet, et notamment dans le canton, on délivre au fermier entrant le tiers des terres labourables au 15 avril,
et le reste après la récolte. Pour les terres en petite culture,
le tout se livre au 11 novembre (2).

Mais ordinairement on y suit l'usage habituel qui consiste
à délivrer au fermier entrant le tiers des terres le 11 novembre qui précède l'expiration du bail, et les deux autres
tiers un an après, également le 11 novembre, date de
l'expiration du bail (3).

Sur quelques points du canton de Montfort (4) on délivre au fermier entrant, au 11 novembre qui précède la
dernière récolte, le dixième des terres en jachères, et le
surplus le 1.er avril de l'année suivante.

Dans l'arrondissement de Mantes l'usage est uniforme.
Le fermier entrant prend possession d'un tiers des terres à
la Saint-Martin qui précède la dernière récolte du fermier
sortant pour la levée des jachères ; et pour le reste des
terres au 11 novembre de l'année suivante.

A Magny (5), il est d'usage que cette délivrance par
soles se fasse sur un état d'assolement dressé lors de l'entrée en jouissance, et à défaut d'état d'assolement, suivant la sole des terres voisines ou l'état de la culture suivi
depuis plusieurs années par le fermier sortant, pourvu

---

(1) M. Lajotte.
(2) M. Lefebvre.
(3) M. Leclère.
(4) M. Maillier.
(5) M. Trognon.

que celui-ci n'ait rien fait à dessein pour donner une mauvaise pièce au lieu d'une bonne.

En outre, s'il se trouve des luzernes ou autres herbes artificielles sur le premier tiers laissé pour la jachère, le fermier entrant a le droit de les labourer; mais s'il laisse venir la récolte, la moitié appartient au fermier sortant.

A Houdan, la jachère se délivre au commencement d'avril, et le reste des terres le 11 novembre suivant (1). Le canton de Bonnières seul n'a point d'usage à cet égard (2).

Dans le canton de Versailles l'usage est de livrer au fermier entrant le tiers des terres au 11 novembre de l'avant dernière année du bail, les deux autres tiers au 11 novembre de l'année suivante (3). A Palaiseau, si l'usage est de livrer au fermier entrant le tiers des terres au 11 novembre de l'avant-dernière année du bail, mais seulement pour les préparer à recevoir sa première récolte de blé, c'est au 11 novembre de l'année suivante qu'on le met en possession des deux autres tiers (4). Dans le canton de Marly, les choses doivent s'arranger de telle façon que toutes les terres de la ferme soient à la disposition du fermier entrant au plus tard le 11 novembre qui suit la dernière récolte du fermier sortant (5).

La même date se retrouve pour la levée des jachères dans le canton de Saint-Germain, mais le reste des terres de la ferme est, d'habitude, livré au fermier entrant au fur et à mesure qu'elles sont dépouillées de leurs ré-

---

(1) M. le Vicomte de Narcillac.
(2) MM. Michaux et de la Gastine.
(3) M. Degeneté.
(4) M. Victor Pigeon.
(5) M. Pasquier père.

coltes (1). Dans le canton de Poissy, même date pour la levée des jachères. Un an après, au 11 novembre, le fermier sortant livre au fermier entrant les deux tiers restant de ses terres , l'un en chaume de blé, l'autre en chaume d'avoine (2). A Meulan , le fermier entrant prend un tiers des terres en jachère, et a la jouissance des deux autres tiers au fur et à mesure qu'elles sont dépouillées de leurs récoltes (3). Enfin , dans le canton d'Argenteuil (4), le fermier entrant prend les terres dans l'état où elles sont. Il ne devrait , rigoureusement, entrer en jouissance que le 11 novembre; mais il le fait toujours aussitôt après l'enlèvement des récoltes, et cette anticipation est ordinairement tolérée par le fermier, qui ne veut pas retarder ainsi les labours et les ensemencements de son successeur.

Dans le canton de Corbeil , le fermier entrant, lorsqu'il prend possession , soit à Pâques, soit au 15 avril , a la jouissance du tiers des terres qui sont en jachères, pour le cultiver et le préparer à être semé en blé d'hiver. Le 11 novembre suivant, on lui livre le second tiers qui a été récolté en blé, afin de le labourer pour être semé en avoine ou en autres grains de mars, et enfin à Pâques suivant, il prend possession du dernier tiers qui a porté une récolte d'avoine, parce que le fermier sortant a le droit de faire pâturer son troupeau sur ces terres jusqu'à cette époque, qui est celle où tous ses bestiaux doivent quitter la ferme (5).

Les mêmes usages régissent le canton d'Arpajon ; seule -

---

(1)   Perron.
(2) M. Gilbert.
(3) M. Guillemin.
(4) M. Récappé fils.
(5) M. Marcille.

ment, dans la petite culture , c'est à la Saint-Martin que le nouveau locataire reprend toutes les terres , et dans l'état où elles se trouvent (1).

Dans l'arrondissement de Pontoise nous retrouvons, à quelques exceptions près , la date du 11 novembre pour la levée des jachères. Si à Montmorency, canton de petite culture, le nouveau fermier commence à entrer en jouis-sance des terres au 24 juin (2), dans le canton d'Écouen , l'usage voulait qu'on livrât au fermier entrant le 11 no-vembre qui précède la dernière récolte , le tiers des terres en chaume d'avoine , et les deux tiers restant par moitié en chaume de blé et d'avoine le 11 novembre de l'année sui-vante ; mais aujourd'hui cette obligation ne paraît pas tou-jours devoir être rigoureusement exécutée , car elle ne pourrait se concilier avec le nouveau mode de culture qui admet des récoltes de toute espèce de plantes (3).

A Luzarches , le fermier sortant doit donner le tiers des terres au nouveau preneur. Les prés naturels ne sont pas compris dans cette prise de possession ; ils continuent d'appartenir au fermier sortant. Les terres données pour former la jachère doivent être en chaume d'avoine , mais si le mode de culture suivi par le fermier sortant ne lui permet pas de livrer ainsi le tiers des terres , le fermier entrant peut le compléter en choisissant sur les terres de son prédécesseur celles qui sont à sa convenance (4). S'il y a des terres ensemencées , il traite de gré à gré avec le fermier sortant.

Dans le canton de L'Isle-Adam , c'est encore le 11 no-

(1) M. Petit , de Leudeville.
(2) M. Dugué.
(3) M. Chartier.
(4) M. Dhuicque.

vembre qui précède la dernière année du bail que le fermier entrant prend possession du tiers des terres labourables pour la levée des jachères, et du reste le 11 novembre suivant. Les mêmes usages régissent le canton de
Pontoise (1).

Dans celui de Marines, il est d'usage que le fermier
sortant livre à son successeur, au 11 novembre qui précède sa dernière récolte, un tiers des terres pour jachères,
et que ce tiers soit composé d'une quantité égale de chaque classe de terre. Quelquefois ces pièces sont nominati-
vement désignées, ce qui prévient toute contestation (2).

7.ᵉ *Question.* — A quelle époque le fermier entrant doit-
il être mis en possession du jardin potager ?

Les personnes étrangères à la culture et au mode de
conduite des exploitations rurales seront peut-être sur-
prises de voir cette question figurer sur le programme de
la Société ; mais elles cesseront de s'étonner, si elles se
rendent bien compte du rôle que joue dans une ferme le
jardin potager. Placé presque toujours sous la direction
immédiate de la ménagère, c'est lui qui doit fournir en
quelque sorte presque toute l'alimentation végétale de la
ferme. Bien dirigé et bien soigné, il ne doit pas se borner
à donner les fruits et les légumes nécessaires à la consommation de la maison, on doit encore y trouver un excédant de produits dont la vente sert à subvenir à une foule
de petites dépenses courantes et intérieures. On peut même
dire jusqu'à un certain point, que la bonne tenue d'un
jardin potager dans une ferme est un criterium qui révèle,
dans une certaine mesure, les soins, l'activité, la vigi-

---

(1) MM. Ozanne et Thomassin.
(2) MM. Delacour et Tinet.

lance de la maîtresse de la maison ; il est donc sous ce rapport important de connaître l'époque où le nouveau fermier devra, d'après les usages locaux, s'en mettre en possession.

Dans le canton de La Ferté-Alais, il entre en possession le 1.er novembre qui suit la dernière récolte du fermier sortant (1); mais dès le 1.er janvier, il peut y entrer pour y soigner la taille des arbres (2). Dans le canton de Milly, le fermier entrant à Pâques ou au 25 avril, est mis au mois de novembre suivant (3), assez souvent à la Saint-Martin (4), en possession du jardin potager. De même dans le canton d'Étampes, où cette entrée en jouissance a lieu au plus tard le 1.er novembre (5), et à la Saint-Martin qui suit son entrée dans la ferme, dans celui de Méréville (6).

Dans l'arrondissement de Rambouillet, l'usage est presque partout le même ; l'entrée en jouissance a lieu le 11 novembre qui suit la dernière récolte ; il y a cependant quelques exceptions : ainsi, à Chevreuse, c'est le jour de l'entrée du nouveau fermier, le 11 novembre (7); à Montfort et dans le canton de Rambouillet, le 11 novembre après l'ensemencement des terres par le fermier entrant, c'est-à-dire le jour de l'expiration du bail (8).

Dans l'arrondissement de Mantes, le nouveau fermier doit être mis en possession du jardin potager le 11 novem-

---

(1) M. Lesage.
(2) M. Legendre.
(3) M. Gillet de la Renommière.
(4) M. Boquet.
(5) M. Henin.
(6) M. Rouillier.
(7) M. d'Abzac.
(8) MM. Maillier, Leclère et Lefebvre.

bre qui suit la dernière récolte du fermier sortant, et qui
est le jour fixé pour son entrée effective. Dans le canton
de Magny, on tolère quelquefois un retard d'un ou deux
mois pour l'enlèvement des légumes tardifs ; mais pourvu,
toutefois, qu'il n'en résulte aucun préjudice pour le fermier entrant (1). Sur quelques points la date est celle du
15 février suivant (2).

Dans tout l'arrondissement de Versailles, c'est le 11
novembre qui suit la dernière récolte du fermier sortant,
que l'entrant doit être mis en possession du jardin potager.

Dans le canton de Corbeil, le jardin potager est livré
au fermier entrant le 11 novembre qui suit la dernière récolte, après la cueillette de tous les fruits et légumes qu'il
contient (3). Dans celui d'Arpajon (4), le nouveau fermier
le reçoit à la Saint-Martin, mais pour les labours d'hiver
seulement ; il n'est livré définitivement qu'à Pâques de
l'année suivante, époque de la sortie de l'ancien fermier. Les
élagages et la tonte des haies appartiennent à ce dernier (5).

Dans le canton de Luzarches et dans celui de Gonesse,
arrondissement de Pontoise, le fermier entrant prend possession entière du jardin au 11 novembre, en même-temps
que les jachères lui sont remises par le fermier sortant (6).
A Montmorency (7), c'est le 11 novembre de la dernière
année du bail ; à Écouen (8), le 1.er mars qui suit la dernière récolte.

---

(1) M. Trognon.
(2) M. Deschamps.
(3) M. Marcille.
(4) M. Petit, de Leudeville.
(5) M. Bonfils, de Montgeron.
(6) M. Dhuicque.
(7) M. Dugué.
(8) M. Chartier.

Dans le canton de Pontoise, le jardin potager doit être remis au fermier entrant le 11 novembre qui suit la dernière récolte (1). Dans le canton de L'Ile-Adam, à la Saint-Martin, un an après la levée des jachères (2), et dans celui de Marines le 11 novembre ou le 1.er mars qui suit la dernière récolte du fermier sortant (3).

8.e *Question.* — Quels sont les usages relatifs :

A l'élagage des arbres?

A la jouissance des émondes?

A la tonte des haies?

A la jouissance ou à l'exploitation des bois lorsqu'il s'en trouve de réunis à la ferme?

• A la jouissance du bois provenant des arbres fruitiers abattus?

Avec ou sans remplacement?

Le fermier doit généralement trouver sur sa ferme le bois nécessaire tant à son chauffage personnel qu'à la consommation de sa maison. Il est donc important que des conventions spéciales ou des usages reconnus déterminent la part qui doit lui appartenir, et celle qui doit revenir au propriétaire du sol.

Dans le canton de La Ferté-Alais, quand les baux ne prescrivent rien au sujet de ce mode de jouissance, l'usage est que les arbres d'émonde doivent être élagués au moins deux fois dans le cours d'un bail qui est habituellement de neuf années. On fait le premier élagage la quatrième année, le second cinq ans après, c'est-à-dire la dernière année du bail.

---

(1) M. Thomassin.
(2) M. Ozanne.
(3) MM. Delacour et Tinet.

Les bois, quand ils sont réunis à la ferme, se coupent une fois par bail, la dernière année, même quand le bail a douze années d'existence.

Pour les arbres fruitiers, le fermier a droit à toutes les branches, à charge par lui de remplacer le vieil arbre par un jeune sujet : le tronc appartient au propriétaire (1).

Dans le canton voisin, à Milly, l'usage est à-peu-près le même ; le fermier sortant élague les arbres et tond les haies dans sa dernière année, car il a toujours la jouissance des émondes sauf conventions contraires.

Lorsqu'il jouit des bois, il les coupe tous les neuf ans ; il n'a pas droit aux arbres fruitiers qui viennent à mourir, mais dans ce cas il n'est pas tenu de les remplacer (2).

Dans le canton d'Étampes, les arbres doivent être élagués tous les six ans ; les émondes appartiennent au fermier. C'est également à lui que revient la houppe, en cas de vente.

Les haies doivent être taillées au moins une fois l'an et de manière à ne pas dépasser la ligne séparative. Le fermier qui en a les produits, est chargé de leur entretien. Quant aux bois taillis, ils se coupent généralement à 9 ans, à moins qu'il n'y ait un aménagement prescrit par le bail. Pour les arbres fruitiers, l'usage est que lorsqu'ils sont abattus, ils appartiennent au propriétaire qui alors pourvoit à leur remplacement ; mais dans la grande culture, les fermiers jouissent souvent de l'arbre et de ses branches, et alors ils sont chargés du remplacement. Quand ces conventions sont réglées par les baux, elles ne

---

(1) M. Legendre.
(2) MM. Gillet de la Renommière et Boquet.

donnent généralement que les branches au fermier et laissent le tronc au propriétaire.

A Méréville, l'élagage des arbres et la tonte des haies se font tous les trois ans (1). Quand les bois sont affermés, la coupe doit avoir lieu pendant l'hiver qui suit la dernière récolte et elle doit être débardée au plus tard le 15 avril. La jouissance et le remplacement des arbres fruitiers abattus se règlent avec le fermier d'après les conditions du bail.

Dans les cantons de Limours, Chevreuse, Montfort et une partie du canton nord de Dourdan, les émondages et la tonte des haies se font deux fois dans le courant du bail; cependant, l'usage contraire prévaut dans le canton sud de Dourdan (2). Lorsque des bois sont réunis à la ferme et qu'ils ne sont pas amenagés, la coupe a lieu dans l'hiver qui suit la dernière récolte ; le fermier est, du reste, soumis sous ce rapport aux mêmes usages que son prédécesseur, et doit laisser à sa sortie autant de feuilles qu'il en a trouvées à son entrée. Pour les arbres fruitiers, l'usage le plus général attribue les branches au fermier, mais sans l'astreindre au remplacement ; il peut les élaguer, mais cet élagage ne doit consister que dans le retranchement des branches qui pendent sur le sol, gênent la culture ou empêchent la circulation de l'air ; ce doit être plutôt une véritable taille. Les élagages et la tonte des haies doivent se faire à Limours (3), au plus tard le 1.er mars qui suit la dernière récolte. Partout, les émondes et la tonte des haies appartiennent au fermier; mais sur quelques points (4), il

____

(1) M. Rouillier.
(2) M. Lajotte.
(3) M. Leroux.
(4) M. d'Abzac.

est interdit d'élaguer les arbres dont les branches n'ont pas un minimum de trois ans de pousse.

Dans le canton de Montfort, les arbres fruitiers doivent être élagués de manière à ne pas gêner la circulation des chevaux de labour, et dépouillés de leurs bois morts tous les ans, aux mois de février ou de mars; le corps de l'arbre abattu par suite de vétusté ou d'accident appartient au fermier, mais à charge de remplacement (1). L'émondage des arbres qui y sont assujetis se fait de 3 à 4 ans. Les branches, ainsi que la tonte des haies, qui a lieu au même âge, appartiennent au fermier sortant, qui a le droit de les couper dans le cours de l'hiver qui précède sa dernière récolte, à moins de conventions contraires stipulées au bail. A défaut de conditions écrites, les arbres morts ou cassés pendant la durée du bail appartiennent au propriétaire sans que lui ou le fermier soient tenus au remplacement. Lorsque la coupe des bois réunie à la ferme n'a pas été réglée par le bail, elle a lieu à neuf ans (2). Les mêmes usages régissent le canton de Rambouillet. Le terme de rigueur pour l'élagage des arbres et la tonte des haies est le 31 mars qui suit la dernière récolte. Certains baux accordent au fermier le corps des arbres fruitiers, à charge de les remplacer; mais l'usage général, moins exempt d'abus que le précédent, les donne au propriétaire, qui, dans ce cas, pourvoit au remplacement (3). Le fermier ne doit alors en être chargé que lorsqu'ils sont détruits par son fait.

L'arrondissement de Mantes nous offre quelques variantes, mais de peu d'importance. Les élagages et la

---

(1) M. Maillier.
(2) M. Leclère.
(3) M. Lefebvre.

coupe des haies ne peuvent s'y faire qu'une fois pendant les neuf années du bail; la tonte des haies vives a lieu deux fois par an, en mars et en août : la coupe des bois s'y fait tous les neuf ans. Le bois provenant des arbres fruitiers appartient, sur certains points, au propriétaire (1). Quant à l'arbre en lui-même, il est assez d'usage que quand c'est le propriétaire qui en profite, ce soit lui qui soit chargé du remplacement.

Dans le canton de Limay, les saules se coupent à 4 ans, les bois durs à 6 ans (2). L'élagage des arbres a lieu de 3 à 6 ans pour le bois blanc, à 9 ans pour le bois dur. Les haies se coupent au pied à 4 ans, et sont ébrossées tous les ans. Quand aux arbres fruitiers, les baux fixent ordinairement les droits réciproques du propriétaire et du fermier, ainsi que les conditions du remplacement.

Dans le canton de Bonnières, si les bois taillis se coupent tous les 9 ans, la jouissance des bois provenant des arbres fruitiers est toujours réglée par des conventions particulières ; le plus souvent le tronc appartient au propriétaire, les branches au fermier ; les émondes des bois durs s'y coupent à 9 ans, les saules tous les trois ans ; quand aux haies, elles ne sont généralement élaguées que le long des chemins (4).

Les mêmes usages sont en vigueur dans le canton de Houdan, mais plus précisés encore : ainsi les baux y prescrivent que les bois durs ne doivent être émondés qu'une fois sur neuf années, et seulement aux deux tiers de leur hauteur. Ces émondes appartiennent au fermier, ainsi que

----

(1) M. Guesnier.
(2) M. Deschamps.
(3) M. Bontoux.
(4) MM. Michaux et de la Gastine.

la tonte des haies; celles-ci ne doivent également être taillées qu'une fois, et à la charge de laisser des pieds corniers de 1 m. 50 c. pour servir de clôture. Dans les bois taillis on doit toujours laisser par hectare 30 baliveaux au moins, de l'âge du taillis. Le bois provenant du nettoyage des ar- bres fruitiers appartient au fermier ; il en est de même de ceux qui meurent ou sont abattus par le vent ; mais à la charge de les remplacer par de jeunes sujets (1). Les saules s'émondent à 6 ans, méthode vicieuse, parce qu'à cet âge les branches sont trop fortes et épuisent l'arbre (2). Dans le canton de Magny, les arbres s'élaguent tous les trois ans; les bois durs tous les 9 ans, et quand aux taillis, l'usage astreint le fermier à laisser à sa sortie autant de bourgeons qu'il en a reçus à son entrée en jouissance. Les arbres fruitiers, soit morts, soit dépérissants, sont presque tou- jours réservés par le propriétaire qui n'est pas tenu de les remplacer (3). Dans l'arrondissement de Versailles, le fer- mier enlève les émondes qui lui appartiennent l'hiver qui suit sa dernière récolte. L'élagage se fait pour les bois ten- dres tous les quatre ans, pour les bois durs tous les six ans. La tonte des haies d'agrément se fait tous les ans. Pour tous les arbres qui, à la fin du bail, n'auraient point l'âge re- quis pour l'abattage, les bourgeons appartiennent au fermier sortant. Ils lui sont remboursés à dire d'expert par le fer- mier entrant. Les corps des arbres fruitiers appartiennent au propriétaire, et les branches au fermier. En cas d'abattage, le premier fournit les jeunes sujets pour remplacer, le se- cond les plante et les entretient ; les émondes doivent être enlevées de dessus les terres au plus tard à la fin du mois

______

(1) M. le vicomte de Narcillac.
(2) M. Fréville.
(3) M. Trognon.

de novembre, afin de ne pas gêner la culture du fermier
entrant; dans le même but, tous les fruits des arbres, de
quelque nature qu'ils soient, doivent être cueillis, gaulés
ou ramassés à la même époque (1) : même usage dans le
canton de Marly, sauf que le fermier profite des arbres à
fruit qui viennent à mourir, à charge par lui de les remplacer (2). A Palaiseau, il est d'usage que les émondes et la
tonte des haies appartiennent au fermier. Lorsque des bois
sont joints à l'exploitation, ce dernier n'a droit qu'à la
coupe du taillis, et doit laisser par hectare 40 baliveaux qui
appartiennent au propriétaire ainsi que les anciens et les
modernes ; lorsqu'ils viennent à être abattus, les branches
reviennent au fermier. Quand aux arbres fruitiers qui
viennent à mourir, ils appartiennent au fermier ; mais à
charge par lui de les remplacer par de jeunes sujets (3).

Dans le canton de St.-Germain, il est d'usage de constater les pousses qui existent lors de l'entrée en jouissance
du fermier entrant ; car le fermier sortant doit pouvoir
couper autant de pousses qu'il a d'années de jouissance.
L'élagage des arbres se fait tous les trois ans pour les bois
tendres, et pour les autres, une fois au bout de quatre
ans et une autre à cinq ans. Les haies se tondent tous les
ans en été ; quant à la coupe des bois, elle se fait tous les
neuf ans. Le fermier ne peut exploiter les futaies et doit laisser, dans chaque coupe, un certain nombre de baliveaux de
l'âge du taillis par hectare. Pour les arbres fruitiers, le
tronc de ceux qui sont abattus appartient au propriétaire
qui doit le remplacement, à moins de conventions contraires, et les branches au fermier (4).

(1) MM. Degeucté aîné, et Perron, de Villacoublay.
(2) M. Pasquier père.
(3) M. V. Pigeon.
(4) M. Perron.

Dans le canton de Poissy l'élagage se fait également deux fois dans le cours d'un bail, et les baux obligent le fermier à laisser une tête au sommet de l'arbre. Les bois y sont aménagés à neuf ans : les branches d'arbres fruitiers, à partir de la tronce, appartiennent au fermier; il est tenu de remplacer ceux qui meurent par de jeunes sujets, sauf le cas où il n'a que des branches pour le fagot (1).

Le canton de Meulan ne compte pas de ferme où les bois soient réunis à l'exploitation rurale ; mais le produit de l'élagage des arbres, les émondes et la tonte des haies appartiennent au fermier ; il en est de même des branches des arbres fruitiers abattus, à charge par lui de les remplacer (2).

Enfin, dans le canton d'Argenteuil, comme partout, le fermier a droit à l'émondage des arbres et à la tonte des haies. La coupe des bois s'y fait tous les six ou dix ans; quand aux arbres fruitiers, si le fermier jouit des arbres morts, c'est à la charge de les remplacer (3).

Dans le canton de Corbeil, l'élagage des arbres ou des haies a lieu tous les trois ou six ans, suivant leur essence : les émondes appartiennent au fermier, à moins de conditions particulières. Le fermier sortant doit, sur chaque pièce, faire son dernier élagage l'hiver qui suit sa dernière récolte, si toutefois, à cette époque, les branches ont atteint l'âge auquel elles doivent être coupées.

Les bois, lorsqu'ils se trouvent joints aux fermes, et c'est l'exception dans le canton qui nous occupe, sont ordinairement aménagés. Le fermier doit alors suivre cet

____

(1) M. V. Gilbert.
(2) M. Guillemin.
(3) M. Reccapé fils.

aménagement sans pouvoir s'en écarter ; les pousses qu'il laisse à la fin de son bail lui sont remboursées si on les lui a fait payer à son entrée en jouissance.

Le fermier a, en outre, ordinairement la propriété des arbres fruitiers morts, à la charge de les remplacer et d'en laisser autant à sa sortie qu'il en a reçus à son entrée (1).

Dans le canton d'Arpajon, les baux fixent ordinairement l'élagage des arbres, la jouissance des émondes et la tonte des haies, l'aménagement des bois et les époques de leurs coupes. Quant aux arbres fruitiers, les branches appartiennent ordinairement, lors de leur abattage, au fermier, et le corps au propriétaire (2); quand c'est le fermier qui en profite, le remplacement est à sa charge (3).

Dans l'arrondissement de Pontoise, nous aurons aussi à noter quelques variantes ; mais, comme sur les autres points du Département, elles sont également de peu d'importance. Dans le canton de Luzarches, le fermier sortant élague les arbres, enlève les émondes et tond les haies la dernière année de son bail : tout doit être enlevé avant le 1.ᵉʳ avril qui suit sa dernière année.

Le même principe s'applique à la vidange des bois ; les arbres fruitiers abattus appartiennent aussi au fermier sortant ; mais dans ce cas, il est tenu de les remplacer par de jeunes sujets ; il doit aussi les greffer, si cette opération n'a pas eu lieu dans les cinq premières années de la plantation (4).

---

(1) M. Marcille.
(2) M. Petit, de Leudeville.
(3) M. Bonfils.
(4) M. Dhuicque.

Dans le canton d'Ecouen, les émondes profitent également au fermier quand le propriétaire ne se les a pas réservées ; mais dans aucun cas, les arbres forestiers ne doivent être émondés à plus des deux tiers de leur hauteur. Les haies vives doivent être tondues à la hauteur de 1 m. à 1 m. 50. Pour les bois compris dans le fermage, il est d'usage de ne les couper qu'à l'âge de neuf ans; on doit respecter tous les baliveaux tant anciens que modernes et en laisser par chaque coupe et par chaque hectare une vingtaine au moins, de l'âge du taillis ; il est tenu compte au fermier du nombre de pousses existant lors de sa sortie. Les arbres fruitiers abattus appartiennent au propriétaire; mais généralement les baux vont à l'encontre de cet usage, et abandonnent au fermier les arbres morts , à la charge de les remplacer par de jeunes sujets (1).

A Montmorency (2), le fermier ne peut ordinairement rien couper ni élaguer sans l'agrément du propriétaire ; quand il le fait , c'est qu'il a alors la jouissance des émondes et la tonte des haies. Lorsqu'il jouit des bois, il doit en laisser la coupe de même âge qu'il l'a reçue à son entrée; quand aux arbres fruitiers abattus, à moins de conventions coutraires, ils appartiennent au propriétaire qui, du reste, les fournit.

Dans le canton de Pontoise, l'élagage des arbres , la tonte des haies , l'épluchage des arbres à fruit et la coupe des bois , s'il en est qui soient réunis à la ferme, se font après le 11 novembre qui suit la dernière récolte ; le tout appartient au fermier sortant (3). Dans le canton voisin ,

---

(1) M. Chartier.
(2) M. Dugué.
(3) M. Thomassin.

au contraire, celui de l'Ile-Adam (1), le fermier n'a droit au bois mort et à celui provenant de l'épluchage des arbres fruitiers qu'autant que son bail les lui accorde.

Dans le canton de Marines, l'élagage des arbres à haute tige a lieu tous les cinq ou six ans par les soins et au profit du fermier; il fait de même tondre les haies, et le nombre des tontes est ordinairement fixé par le bail. Lorsqu'il exploite les bois taillis, il le fait généralement d'après un aménagement convenu à l'avance ou en suivant celui de son prédécesseur : habituellement il est fixé à neuf ans. Quant aux arbres fruitiers, lorsque le propriétaire se réserve le bois, c'est qu'il se charge du remplacement (2).

9.ᵉ *question.* — Quels sont les usages relatifs au curage des fossés et des rigoles ?

Cette question est loin d'être sans importance, bien que jusqu'ici, selon nous, on lui ait prêté trop peu d'attention dans notre Département. Elle se lie, en effet, à un bon régime des eaux courantes, aux avantages que la culture peut retirer, tant d'un bon aménagement de ces eaux qui, la plupart du temps, ou sont perdues, ou font des dégâts dans les champs, que des vidanges qui obstruent leurs cours sans profit, et qui, portées sur les terres, sont un grand amendement pour les graminées et les légumineuses.

Nous trouverons partout sur cette question une uniformité assez constante. Dans les cantons de Laferté-Alais, de Milly, d'Étampes, le curage des fossés et des rigoles et

----

(1) M. Ozanne.
(2) MM. Delacour et Tinet.

leur entretien sont à la charge du fermier ; de même dans le canton de Méréville, où, deplus, l'on fait souvent constater leur état à l'entrée d'un nouveau fermier (1).

Dans les cantons de Limours, Chevreuse, Montfort et une portion du canton nord de Dourdan, les rigoles des prés doivent être curées la dernière année par le fermier sortant. Quand aux fossés, il n'est d'après l'usage, obligé de les rétablir que lorsqu'il les a détériorés ; mais il doit les entretenir et les laisser en bon état à la fin de sa jouissance. Dans le canton de Limours le curage doit être fait au plus tard le 1.er janvier qui suit la dernière récolte (2).

Dans celui de Monfort, le fermier doit les curer tous les ans pendant l'hiver et les rendre en bon état à la fin de son bail (3). Dans celui de Rambouillet, leur état et leur bonne tenue sont constatés par un état de lieux (4).

Sur quelques points de l'arrondissement de Mantes, l'usage est muet : on s'en réfère alors aux conditions écrites (5). Mais lorsque l'usage n'est pas explicite, ce curage est à la charge du fermier (6). Sur quelques points, il lui impose l'obligation d'un curage à fond une fois au moins par neuf années de bail (7).

Dans le canton de Bonnières, cet article ne trouve pas d'application, ou bien les faits particuliers sont régis par des conventions spéciales. Dans le canton de Houdan, ce curage est à la charge du fermier ; quelque fois même il

---

(1) M. Rouillier.
(2) M. Leroux.
(3) MM. Maillier et Leclère.
(4) M. Lefebvre.
(5) M. Deschamps.
(6) M. Bontoux.
(7) M. Guesnier.

est prescrit qu'il doit avoir lieu tous les ans; et dans le canton de Magny, l'usage astreint les fermiers à les rendre bien curés à l'expiration de leurs baux (1).

Dans les cantons de Versailles et de Palaiseau, les fossés et rigoles doivent être rendus par le fermier sortant en bon état de curage, le jour de saint Martin qui suit sa dernière récolte (2). De même dans les cantons de Marly, de Saint-Germain, de Poissy, de Meulan et d'Argenteuil, bien que dans ce dernier canton l'usage n'y trouve pas d'application.

Dans le canton de Corbeil, l'usage est plus précis; les fossés d'écoulement ou rigoles doivent être curés tous les trois ans, en même temps que la sole dont ils dépendent s'ensemence en blé. Le fermier sortant doit justifier que ce curage a été fait chaque année ainsi que le prescrit l'usage, et laisser le tout en bon état d'écoulement (3).

Dans le canton d'Arpajon, c'est aussi le fermier qui est tenu au curage des fossés et rigoles, sauf stipulation contraire (4); et dans celui de Boissy-Saint-Leger, il est d'usage de les rendre dans l'état où on les a reçus (5).

Enfin les mêmes usages regissent sur ce point l'arrondissement de Pontoise. A Montmorency, Luzarches, Ecouen, Gonesse, le fermier doit le curage et l'entretien des fossés et rigoles, et est tenu de les rendre en bon état à la fin de son bail. De même dans les cantons de Mari-

----

(1) MM. Michaux, de la Gastine, vicomte de Narcillac, Fréville et Trognon.

(2) MM. Degencté aîné, et Peron, de Villacoublay.

(3) M. Marcille.

(4) M. Petit, de Leudeville.

(5) M. Bonfils.

nes , Pontoise et de l'Ile-Adam ; dans ce dernier cet en ‑ tretien est considéré comme réparation locative (1).

10.e *question.* — Quels sont les usages relatifs :

1.º Aux pigeons ?

2.º Aux poulaillers ?

3.º Au pressoir et à sa jouissance ?

4.º A sa prisée ?

Les pigeons tendent à disparaître sur un assez grand nombre de fermes ; conséquemment ne les trouve-t-on que sur les points occupés par la grande culture. Ainsi le canton de Laferté-Alais n'en a point. Le fermier sortant y conserve sa basse-cour jusqu'à ce qu'il ait fini de battre sa dernière récolte.

A l'égard du pressoir, le fermier entrant en jouit à partir de l'époque de sa première récolte , et l'usage veut qu'il le rende dans l'état où il l'a pris. C'est ce qu'il faut constater à son entrée dans la ferme (2).

Sur Milly, le colombier appartient à la ferme. Le fermier sortant en a la jouissance et le produit jusqu'à sa sortie. Il n'en est pas de même du poulailler, que le fermier sortant doit livrer au fermier entrant dès l'arrivée de ce dernier. Celui-ci apporte avec lui ses volailles qui remplacent celles de son prédécesseur.

Le fermier à la jouissance du pressoir quand il y en a un dans la ferme. La prisée appartient d'habitude au propriétaire ; quelquefois à lui ou au fermier, suivant qu'elle est entretenue par l'un ou par l'autre (3).

---

(1) M. Ozanne.

(2) M. Lesage.

(3) MM. Gillet de la Renommière et Boquet.

Dans le canton d'Etampes (1), le fermier entrant à la jouissance du poulaillier, à dater du 23 avril, jour où il peut apporter ses poules ; celle du colombier environ au 1.er septembre après les récoltes terminées et la vente de la volée d'août ; les autres pigeons restant à la ferme et étant immeubles par destination ; et enfin celle du pressoir en décembre, parce que le fermier sortant a le droit d'y piler toutes les pommes de la dernière récolte.

Enfin, dans le canton de Méréville (2), si le fermier a garni le colombier, les pigeons lui appartiennent ; s'il les a payés en entrant, le fermier nouveau doit les lui payer à dire d'expert. Les volailles sont la propriété du fermier sortant. Pour le pressoir, des distinctions identiques subsistent : s'il a été établi par le fermier, il lui appartient, mais le propriétaire peut le conserver en le payant le prix de l'estimation ; s'il a été établi par le propriétaire, le fermier sortant doit le laisser, de même que les batteries des granges, en bon état de réparation.

Dans les cantons de Limours, Montfort, Chevreuse et une partie du canton nord de Dourdan, le fermier sortant doit livrer le colombier le 11 novembre qui suit sa dernière récolte, et rendre le nombre de pigeons qu'il a reçu. Lespoulailliers doivent être également remis le 11 novembre. Quelque fois dans le canton sud de Dourdan, c'est au 1.er octobre (3). Il a également la jouissance du pressoir tout le temps nécessaire pour faire ses cidres, ordinairement jusqu'à Noël ou au 1.er janvier, et il est à sa charge tant que la prisée n'est pas faite. A Chevreuse (4),

---

(1) M. Henin.
(2) M. Rouillier.
(3) MM. Lajotte et Rabier.
(4) M. D'Abzac.

les grosses réparations du pressoir sont à la charge du propriétaire, et l'entretien à la charge du fermier ; c'est au
premier que la prisée appartient généralement. Dans le
canton de Montfort, les pressoirs, dont le fermier sortant
à la jouissance jusqu'au 11 novembre, sont ordinairement
sans prisée, quand les conditions ne sont pas réglées par
les baux, et ils ne sont livrés qu'après la confection des
cidres de la dernière récolte : le propriétaire fournit le bois
et le fermier est chargé de la main-d'œuvre (1). Quant
aux pigeons ils ne sont plus donnés à ferme ; la colombine et la fiente des poulailliers qui devraient rester à la
terre, appartiennent, en vertu d'un déplorable usage,
au fermier sortant, qui livre à son successeur les poulailliers et le colombier le 11 novembre, date de l'expiration
du bail (2) ; les mêmes usages régissent le canton de Rambouillet (3). Le fermier sortant conserve la jouissance du
pressoir jusqu'au 1.er janvier et, à cette époque il est fait
une prisée, qu'il appartienne au fermier ou au propriétaire.

Dans l'arrondissement de Mantes, les pigeons font,
comme partout, partie de la propriété. La colombine appartient au fermier sortant ; les volailles sont à lui, il peut
en disposer comme il l'entend. Dans le canton de Magny,
il doit employer la colombine et la fiente des poulaillers
sur les terres de la ferme ; il a également la jouissance du
pressoir jusqu'au 24 juin qui suit sa dernière récolte.
Presque toujours, notamment dans les cantons de Mantes
et de Limay, ils sont aux propriétaires, et l'entretien est

____

(1) M. Maillier.
(2) M. Leclère.
(3) M. Lefebvre.

à leur charge ou à celle des fermiers, suivant les conventions du bail, mais généralement ils sont en prisée (1). Sur quelques autres points, le fermier prend les pigeons à raison de 3 fr. la douzaine ; il prend possession du colombier et du poulaillier à la Saint-Martin qui suit la dernière récolte du fermier sortant, et à partir de ce jour a droit à la colombine. Chaque fermier apporte et emporte ses poules. Dans une partie du canton de Magny (2), les pressoirs ne sont pas ordinairement en prisée : le fermier entretient et le propriétaire fait les grosses réparations. Quand il y a prisée, les choses se passent entre fermiers, et le propriétaire ne fait alors aucune réparation.

Le canton de Bonnières n'a pas de colombiers. S'il y en avait, le fermier en prendrait possession, ainsi que des poulailliers et du pressoir, le jour de son entrée effective. Les pressoirs n'y sont pas en prisée, un état des lieux en constate l'outillage (3). Dans le canton de Houdan, lorsqu'il y existe des colombiers, le fermier doit habituellement rendre à sa sortie une quantité de pigeons double de celle des hectares qu'il cultive ; les poulaillers lui sont livrés le 11 novembre avec les autres bâtiments. Quant aux pressoirs, beaucoup sont portatifs et appartiennent aux fermiers, les autres sont anciens. Si dans ce cas tout le matériel appartient au propriétaire, et c'est le cas le plus général, on est tenu de le lui rendre en bon état d'entretien ; d'autres sont en prisée : une partie est fournie par le propriétaire, le reste par le fermier (4). A Magny, le co-

---

(1) M. Boutoux.
(2) M. Guesnier.
(3) MM. Michaux et de la Gastine.
(4) MM. Fréville et le vicomte de Narcillac.

lombier et les poulaillers sont livrés au fermier entrant le 24 juin qui suit la dernière récolte.

Dans le canton de Versailles, le pressoir est un immeuble par destination, qui dépend de la ferme. Le fermier en jouit aux conditions convenues entre lui et le propriétaire, et jusqu'à la Saint-Jean, jour où il quitte les lieux, après y avoir fait toutes les réparations locatives qui sont à sa charge (1). Les volailles appartiennent au fermier sortant ; à Palaiseau il conserve le poulailler jusqu'au 24 juin qui suit sa dernière récolte (2).

A Marly, les pigeons appartiennent ordinairement à la ferme, mais la colombine et la fiente des poulailliers sont au fermier sortant ; il n'y a pas, d'habitude, de prisée pour le pressoir ; celui qui en jouit doit l'entretenir de manière à en tirer tous les services qu'il doit lui rendre ; mais lors de sa sortie, il n'a droit de s'en servir que jusqu'à la Saint-Martin qui suit sa dernière récolte. Passé ce délai, s'il lui reste encore des fruits à convertir en cidre, il doit payer à l'entrant la rétribution d'usage ou emporter ses fruits (3).

Dans le canton de Saint-Germain, les pigeons domestiques appartient d'ordinaire au fermier ; mais les bizets à la ferme ; quand au poulailler, il lui appartient. Le fermier sortant a la jouissance du pressoir jusqu'au 11 novembre, jour de sa sortie. La prisée appartient au propriétaire et le fermier la prend en compte, sauf à recevoir ou à rendre d'après l'estimation qui sera faite à sa sortie (4).

----

(1) M. Peron, de Villacoublay.
(2) M. Victor Pigeon.
(3) M. Pasquier père.
(4) M. Perron.

Les mêmes usages régissent le canton de Poissy : seulement le fermier doit laisser dans la ferme à sa sortie, le même nombre de pigeons qu'il a reçus à son entrée (1).

A Meulan, il n'y a point d'usage particulier aux pigeons et aux poulaillers ; les pressoirs y sont en prisée, elle est constatée à l'entrée et à la fin du bail, et le fermier donne ou reçoit suivant l'augmentation de valeur ou la dépréciation qu'ils ont subie entre ses mains (2).

A Argenteuil, les fermes existantes n'ont point de pressoir. Comme partout, le fermier sortant emporte sa volaille ; il en est de même des pigeons lorsqu'ils lui appartiennent (3).

Dans le canton de Corbeil, les poules et les pigeons appartiennent au fermier ; aussi n'est-il nullement tenu d'en laisser à sa sortie, à moins de conventions particulières ; il a droit aussi à la colombine et à la fiente des poulaillers ; mais cet usage y est considéré comme un abus et comme une source de fraudes et de contestations qu'on devrait faire disparaître ; d'un autre côté, le nombre des arbres à fruits y est si peu considérable qu'on y trouve peu de pressoirs réunis aux exploitations (4).

Dans le canton d'Arpajon (5), on rend les pigeons comme on les a reçus ; le fermier sortant livre à son successeur le colombier et les poulaillers à Pâques de sa dernière année ; jusque là il jouit des pigeonneaux et de la poulinée, s'il n'y a stipulation contraire.

---

(1) M. Gilbert.
(2) M. Guillemin.
(3) M. Récappé fils.
(4) M. Marcille.
(5) M. Petit, de Leudeville.

Le pressoir est en prisée, et le fermier nouveau commence à en jouir à la Saint-Martin de l'année où il lève
sa jachère.

Le canton de Montmorency est encore un de ceux où il
n'y a pas de pressoirs. Le fermier sortant y laisse autant de
pigeons qu'il en a reçus, et emporte sa volaille qui lui appartient (1). De même à Luzarches; il y existe peu ou point
de pressoirs qui appartiennent au propriétaire; quand par
hasard les locataires en possèdent, ils l'enlèvent comme
un meuble. Pour les pigeons, ils sont, comme en général
partout ailleurs, à la ferme; le fermier en jouit jusqu'à
sa sortie. Les pigeonneaux, la colombine et la fiente du
poulailler sont également à lui; il a droit de les emporter
ainsi que ses volailles (2).

Dans le canton d'Écouen, c'est au 15 mars qui suit la
dernière récolte que le fermier sortant doit livrer le colombier garni d'autant de pigeons qu'il en a reçus lors de
son entrée en jouissance. Le poulailler, au contraire, fait
partie des bâtiments qui sont remis à la Saint-Jean. Avant
ce délai, le fermier entrant ne peut avoir de volaille dans
la ferme. Les pressoirs y sont en prisée, et appartiennent
habituellement aux propriétaires (3).

Dans le canton de Gonesse, un fermier ne peut avoir de
pigeons qu'autant qu'il exploite au moins cent hectares.
Il n'existe point d'usage relatif au pressoir; le canton
n'en possède qu'un seul, qui sert à tous moyennant redevance (4).

---

(1) M. Dugué.
(2) M. Dhuicque.
(3) M. Chartier.
(4) M. Bignan.

Dans le canton de Pontoise, la fiente des pigeons et vo-lailles appartient au fermier sortant, et il a droit au pressoir jusqu'au 24 juin qui suit sa dernière récolte. A cette époque la prisée en est faite entre les deux fermiers ou à dire d'experts (1) : les mêmes usages régissent le canton de l'Isle-Adam (2).

Dans le canton de Marines, le fermier sortant a la jouissance des pigeons jusqu'au 11 novembre ou au 15 mars qui suit sa dernière récolte. Ordinairement le bail fixe le nombre de pigeons qu'il a reçu de son prédécesseur, et qu'il doit rendre à son successeur, à la charge par lui de tenir compte des manquants d'après un prix déterminé au bail. Les mêmes dates s'appliquent aux poulaillers : les volailles appartiennent au fermier, qui les emporte avec lui.

Quant au pressoir, le fermier entrant en prend possession à la Saint-Jean en même temps que des autres bâtiments de la ferme ; ils sont généralement en prisée. Quelquefois encore les bois en terre appartiennent au propriétaire, le reste au fermier. A chaque mutation il se fait une expertise, et l'on se rembourse de fermier à fermier (3).

Tels sont, Messieurs, les principaux usages qui régissent la culture dans le département de Seine-et-Oise. Nous avons cru devoir, moins les résumer dans leurs points essentiels que les exposer en détail, même avec les variantes qui peuvent de temps en temps exister de canton à canton. Ces différences, en effet, quelque minimes qu'elles soient, ont presque toujours leur raison d'être, et

---

(1) M. Thomassin.
(2) M. Ozanne.
(3) MM. Delacour et Tinet.

partant, exercent une influence, au moins relative, sur la culture locale. Nous avons donc cru devoir les exposer avec tous leurs développements, afin que si, par la suite, on vient chercher dans ce travail les éléments des conventions à intervenir entre propriétaire et fermier, celles-ci puissent se conformer, autant que possible, aux usages agricoles de la localité, en évitant ce qui pourrait nuire aux intérêts réciproques des parties, et par une conséquence naturelle, à ceux de l'Agriculture.

OBSERVATIONS

SUR LES

USAGES LOCAUX

ET

SUR LE PROJET DE BAIL

ADOPTÉ

PAR LA SOCIÉTÉ D'AGRICULTURE.

En entreprenant de tracer, en quelque sorte, le bilan des usages ruraux qui régissent la culture dans le département de Seine-et-Oise, la Société d'Agriculture ne s'est pas dissimulée toutes les difficultés de la tâche qu'elle s'était donnée. Il eut été peut-être préférable de pouvoir s'arrêter à certains points qui sont d'un usage presque général sur une grande étendue du Département. On eut gagné à cette manière de procéder une uniformité qui eut été fort utile pour la confection des baux, utile même à la culture, en ce que les fermiers, en changeant d'exploitation, ou en la transportant sur un autre point du Département, auraient eu l'avantage de rencontrer partout des usages analogues : leur nouvelle culture aurait été pour ainsi dire, sur un autre point, la continuation de celle qu'ils venaient de quitter. Mais il se rencontre dans les usages agricoles une telle diversité, souvent dans le même canton, qu'on a bien vite reconnu l'impossibilité de procéder ainsi, sans mettre de côté une foule de nuances d'une importance majeure aux yeux des populations rurales, qui ont pour elles un attachement séculaire. Il fallait donc se résoudre à donner à cet exposé une extension plus considérable, de manière à y consigner, en quelque sorte, pour chaque canton, une réponse précise à chacune des questions indiquées dans le programme de la Société : c'est ce qui a été fait.

Il ne faut donc voir dans ce travail de la Société d'Agriculture que ce qui y existe réellement, c'est-à-dire un répertoire aussi exact et aussi complet qu'il a été possible de le présenter de tous les usages qui, dans chaque canton du Département, régissent les rapports des fermiers entre eux, et ceux des propriétaires avec les fermiers, lors de la location d'une ferme ou lors d'un changement de fermier.

On y trouvera les éléments d'un bail, mais il ne faut pas s'attendre à y trouver un bail tout fait, et qui s'appliquera invariablement à toutes les positions comme à tous les cantons. La Société, en présentant un modèle, n'hésite pas à déclarer qu'il restera encore aux parties contractantes à modifier les données générales par celles qui sont une conséquence de l'usage local, ou qui sont indiquées par la volonté réciproque des parties. Mais au moins, en étudiant ce répertoire, y trouvera-t-on, avec les données les plus générales et celles dont l'expérience croit devoir plus spécialement recommander l'adoption, les éléments nécessaires, soit pour régler les rapports futurs des parties entre elles, soit pour améliorer certaines clauses qui, défectueuses sur un point, sont comprises sur un autre avec une bien meilleure entente des intérêts réciproques des contractants.

Sous le mérite de ces observations, la Société a cru utile

de consigner à la suite de ce travail ses propres remarques dans une espèce de commentaire, et d'indiquer, mais en se bornant à le conseiller, le mode qu'elle juge devoir être préférablement suivi.

La première et la seconde question concernent, ainsi qu'on l'a vu, l'entrée et la sortie des deux fermiers et de leurs animaux, et la jouissance réciproque des lieux pendant cette période de transition. La Société a pensé que la Saint-Martin (11 novembre), était pour la levée des jachères une époque à préférer à celle de Pâques, parce que le fermier entrant avait ainsi devant lui, pour ses labours, tout l'hiver dont il pouvait profiter. A cette époque on doit lui livrer une chambre, une autre à feu pour la cuisine de ses domestiques, ou tout au moins une place dans le fournil pour cet usage, avec le droit d'y cuire le pain certains jours; une écurie et un local pour son fourrage et son avoine. A la Saint-Martin suivante doit avoir lieu l'échange des logements. A ce moment, ainsi que l'ont demandé certains membres, et non au 15 avril de l'année suivante, il doit entrer en possession des bergeries, des étables, des poulaillers, du colombier, et enfin à la Saint-Jean des greniers, des chambres à blé, du pressoir et généralement de tout ce qui, jusqu'alors, a pu être réservé par le fermier sortant. On a fait observer, toutefois, et non sans raison, que cette prise de possession du fermier entrant était un peu prématurée; car le sortant a encore près d'une année à rester dans la ferme, à en payer par conséquent le fermage et les impôts : il est donc juste qu'à côté des charges de sa position il en ait les avantages, et avec eux la faculté de garder et de nourrir ses bestiaux au moins jusqu'au printemps.

La troisième question traite de l'emploi des pailles et

fumiers. A ce sujet, la Société s'est élevée et avec raison, contre l'usage suivi sur quelques points du Département, qui permet au fermier sortant d'emporter un certain nombre de gerbées ou menus par chaque journée de batteur. Sur d'autres points, les pailles au van et généralement tout ce qui peut s'ensacher, appartient au fermier sortant qui peut en disposer comme bon lui semble. La paille sous toutes ses formes, les engrais de quelque nature qu'ils soient, sont des produits du sol qui doivent y retourner intégralement. Au point de vue de la culture, c'est l'appauvrir que de l'en priver, et d'un autre côté, il semble juste de ne rien enlever au fermier entrant de ce qui peut l'aider à augmenter la masse de ses produits et à améliorer l'état de sa culture : tout se réunissait donc pour déterminer la Société à conseiller d'interdire tout enlèvement de paille ou d'engrais. Elle a même été plus loin, car pour ne dévier en rien du principe dont elle conseillait l'adoption, elle a jugé convenable d'étendre cette interdiction à la colombine et à la fiente provenant des poulaillers.

La Société a eu ainsi en vue beaucoup moins quelques intérêts mesquins que l'intérêt général de la culture. Ce sont les mêmes motifs qui l'ont dirigée dans la question du pâturage (quatrième question). Le fermier entrant, qui amène son troupeau le 11 novembre doit, à partir de cette date, pouvoir le promener en liberté et lui assurer sa nourriture sur les terres de la ferme : le fermier sortant, de son côté, doit fourrager jusque-là les pailles de la dernière récolte, parce qu'il doit faire des fumiers pour son successeur.

Un déplorable usage existe dans l'un des cantons, celui de Gonesse. Là, le fermier sortant fait paturer son troupeau jusqu'au 24 juin, puis il le retire, et après la moisson le conduit au parcage jusqu'à la Saint-Martin. Or, qu'arrive-t-il ? Ou il ne parque pas, et en effet, à quoi cela lui servirait-il puis qu'il va quitter la ferme, et dans ce cas l'exploitation est privée d'un engrais que lui aurait donné le troupeau du fermier entrant; c'est du reste au compte de ce dernier que la ferme est désormais pour le courant du bail. Ou bien il parque, mais en s'entendant sur ce point, avec son successeur qu'il fait payer, et alors il impose à ce dernier une charge que raisonnablement il ne devrait pas supporter.

La cinquième question, qui traite de la délivrance des terres au fermier entrant, a appelé l'attention de la Société sur un inconvénient qui n'est que trop fréquent dans les mutations de fermiers. Souvent il arrive que le fermier sortant, par jalousie pour son successeur, ou pour augmenter ses bénéfices aux dépens de la terre, rompt des luzernes ou enfouit des trèfles en vert, soit pour faire coup sur coup deux récoltes d'avoine, soit pour augmenter sa sole de céréales. Le fermier entrant n'a plus alors, pour ainsi dire, que des chaumes en perspective, et se trouve sur une exploitation dénudée de tout fourrage pour son bétail. Pour remédier à cet inconvénient, la Société a pensé qu'il était nécessaire de stipuler au profit du fermier entrant, le droit de semer, mais moyennant une raisonnable indemnité, une portion déterminée de trèfle ou de luzerne dans les avoines ou les orges de son prédécesseur, ou dans les jachères de la minette ou un fourrage vert. Elle a de plus pensé que le fermier sortant pouvait être astreint à laisser à son successeur une quantité de fourrage artificiel de 2 à 4 ans, en proportion de l'importance de la ferme. Un quinzième des terres reparti entre les deux jachères, lui a semblé une proportion raisonnable; quelques membres , même , auraient voulu l'étendre davantage.

A l'égard du jardin potager, il sera livré au fermier entrant à la Saint-Martin, en même temps que les grands logements. De toutes les dates qui sont usitées dans le Département, celle de la Saint-Martin a paru la préférable. Le fermier sortant finit, à ce moment, d'enlever ses dernières récoltes d'automne, et l'entrant a devant lui tout l'hiver pour labourer, fumer et préparer toutes ses semences de printemps, de la manière qu'il juge être la plus convenable à ses intérêts.

(Huitième question.) La coupe et le partage des émondes qui constituent, sur une grande partie des fermes, le chauffage du fermier, a également attiré l'attention de la Société; elle n'a pas voulu qu'un fermier sortant pût, dans l'intention de nuire à son successeur, retarder la coupe des émondes, de manière à en couper la plus notable partie dans sa dernière année, et priver ainsi le fermier entrant d'une grande partie de son chauffage, ou le mettre dans la nécessité d'acheter ce qui, légalement, devrait lui appartenir. Dans ce but, elle prescrit une sorte d'aménagement des émondes, la coupe des bois durs à six ans, celle des bois tendres tous les trois ans. Pour les arbres fruitiers, elle recommande qu'aucun ne soit abattu sans avoir été préalablement visité par le propriétaire ou par son fondé de pouvoir. Le propriétaire aura le tronc, le fermier les branches et les branchages, et sera chargé du remplacement. Par ces dispositions, la Société a voulu prévenir un abus qui a lieu assez souvent. En effet, si vous laissez livré à lui même un fermier dont le bail expire, il aura intérêt à condamner et à convertir en bois de chauffage des arbres qui peuvent encore exister plus ou moins longtemps, et dont l'enlèvement sera fâcheux pour son successeur, qui remplacera peut-être, mais qui ne récoltera pas. D'un autre côté, le fermier, chargé du remplacement, sera plus intéressé à bien entretenir et conserver les arbres.

Le curage des fossés et rigoles (neuvième question), doit être considéré comme une réparation locative, et conséquemment ils doivent, en tout état de cause, être rendus à la fin du bail, en bon état de propreté et de curure.

Enfin restait (dixième question), à fixer la date où le fermier entrant devait entrer en possession du poulailler et du colombier, s'il en existe. Il a paru convenable à la Société de placer cette date au 11 novembre, en émettant un avis défavorable à l'existence des pigeons sur les exploitations qui les ont conservés jusqu'à ce jour.

La question des plantes améliorantes, espèces fourragères et plantes sarclées, est d'une telle importance, elle se lie si intimement à la prospérité des exploitations agricoles, que quelques membres auraient voulu, pour les dernières années du bail, prescrire un assolement dans lequel les plantes sarclées auraient occupé une plus large place. La Société n'a point partagé cet avis. Elle approuve d'avance tous les résultats qui pourront être obtenus dans cette voie, mais elle a pensé, en même temps, quelle devait éviter de prescrire cette clause ou tout autre analogue d'une manière impérative, surtout dans un Département où la culture des plantes sarclées n'a pas encore atteint tout le développement qu'exige une agriculture réellement progressive.

En se bornant à donner les conseils qu'elle a cru devoir être les plus utiles, la Société a voulu, en même temps, laisser aux parties contractantes la plus grande somme de liberté, persuadée que, mieux que qui que ce soit, elles sauront justement apprécier leurs intérêts et leurs convenances réciproques.

Telles sont, Messieurs, les observations dont la Société a cru devoir accompagner l'exposé des usages locaux du département de Seine-et-Oise, que vous a présentées votre Commission. Pour les rendre encore plus saillantes, et leur donner, pour ainsi dire, une forme pratique, elle les a consignées dans un projet de bail qui va être, en même temps, soumis à votre approbation.

PROJET DE BAIL.

Par devant
Fut présent M.

Lequel par ces présentes fait bail et donne à ferme pour douze (ou dix-huit années, avec faculté de renouveler six années d'avance), et autant de récoltes successives qui commenceront par la levée des jachères au onze novembre 1855, pour ensemencer en 1856 et faire la première récolte en la moisson de 1857, s'obligeant faire jouir pendant lesdites douze ou dix-huit années,

M.   et Madame
                    son épouse, qu'il autorise, demeurant ensemble à   canton de
                    arrondissement de
département de Seine-et-Oise, tous deux à ce présents et ce acceptant, preneurs solidaires,

Tous les bâtiments et terres dont la désignation suit :

Ainsi que lesdits biens s'étendent, poursuivent et comportent, mais de la part du bailleur, avec garantie de la contenance de   hectares, le plus ou le moins qui pourrait se trouver aux pièces de terre sus-désignées devant donner lieu à une augmentation ou à une diminution proportionnelle dans le prix du fermage ci-après fixé ;

Pour, par lesdits preneurs, en jouir et disposer en tous fruits, produits et revenus quelconques, pendant lesdites douze ou dix-huit années audit titre de fermage.

Charges, clauses et conditions :

Le présent bail est fait aux charges, clauses et conditions suivantes, que les preneurs promettent et s'obligent, conjointement et solidairement, d'exécuter et d'accomplir :

1.º D'habiter ladite ferme par eux-mêmes ou les leurs, leurs gens et domestiques, et de garnir les lieux et bâtiments en dépendant, de meubles, effets, bestiaux et ustensiles aratoires, en quantité suffisante pour répondre des fermages;

2.º D'entretenir lesdits lieux et bâtiments de toutes réparations locatives, souffrir les grosses réparations ainsi que les constructions nouvelles qui deviendront nécessaires pendant la durée du présent bail, et rendre le tout conformément à l'état des lieux qui sera fait en double et à frais communs entre le bailleur et les preneurs, au plus tard dans les deux mois qui suivront l'exécution des présentes conventions;

3.º D'avoir soin de ne pas surcharger les planchers de grains et autres objets, d'entretenir proprement le tour desdits bâtiments en dedans et en dehors, de ne déposer ni laisser séjourner dans la cour aucunes meules de bois ou de paille, qu'à une distance de trois mètres des bâtiments, afin de faciliter la circulation de l'air et l'écoulement des eaux, et d'éviter de donner de l'humidité aux murs.

4.º **De faire** avec leurs chevaux, voitures et harnais, sans aucune répétition et jusqu'à la distance de douze kilomètres tous les charrois nécessaires pour l'apport à l'atelier des matériaux de tout genre qui seraient exigés pour les réparations devenues nécessaires, pendant toute la durée du bail, et pour les reconstructions qui pourraient avoir lieu aux bâtiments de la ferme, par suite d'un cas de force majeure.

5.º **De bien** et dûment labourer, cultiver et ensemencer lesdites terres, en temps et saisons convenables, les fumer et amender toutes indistinctement, près et loin, et les rendre à la fin du présent bail en bon état de culture, par soles et par classes égales, suivant l'usage ; étant convenu cependant que les preneurs pourront dessoler et dessaisonner, mais à la charge par eux de rétablir l'ancien état de choses dans les deux dernières années de récolte. Ils pourront, pendant le cours du présent bail, vendre des pailles à la condition de les remplacer par des engrais équivalents ; mais ils devront, toutefois, laisser dans les cours, granges, bâtiments et dépendances de la ferme tous les fumiers et pailles provenant des deux dernières récoltes, et à cet effet, et pour que lesdites pailles puissent être converties en engrais, les feront consommer par leurs bestiaux jusqu'à l'époque de leur sortie. Défense expresse leur est faite en outre de, pendant les deux dernières années du bail, vendre, distraire ou emporter aucunes pailles et fumiers, pas même les menues pailles, les menus courts, botteaux, pailles au van qui s'ensachent, soit de blé, d'orge ou d'avoine, de quelque nature ou quelque qualité que ce soit, sans en excepter même la colombine ou la fiente des poulaillers. Alors une expertise règlera entre le bailleur et le fermier sortant le chiffre de l'indemnité qui pourrait être due à ce dernier pour cet objet.

6.º **D'engranger** dans les granges et greniers de ladite ferme tous les grains provenant des terres dont la désignation précède.

7.º **De laisser** à leur sortie, par moitié, dans chacune des deux jachères, et répartis entre les deux dernières soles, un sainfoin ou une luzerne de deux ans au moins et de quatreans au plus, et ce, dans la proportion au minimum, d'un quinzième des terres de la ferme ; de plus de souffrir que les nouveaux preneurs aient le droit, moyennant une indemnité qui sera arbitrée par experts entre le fermier entrant et le fermier sortant, de semer dans les seigles, orges ou avoines de la dernière récolte, un huitième en graminées ou en légumineuses.

8.º **De laisser**, à la fin du présent bail à leurs successeurs, le pâturage des terres de ladite ferme à compter du onze novembre qui précède leur sortie définitive.

9.º **De laisser** aussi au fermier qui leur succèdera, à compter du 11 novembre qui précèdera la dernière récolte, une petite écurie, un grenier pour son fourrage, un local pour son avoine et avec une place dans le fournil et le droit d'y cuire son pain, une chambre à feu pour la cuisine de ses domestiques, et le onze novembre suivant, les grands logements, le potager, les bergeries, les étables à vaches, à veaux et à porcs et les poulaillers. Quant au surplus des autres bâtiments et lieux , tels que granges, greniers , pressoir, lesdits preneurs pourront en continuer la jouissance jusqu'au jour de Saint-Jean-Baptiste de l'année suivante, à la charge, comme il est déjà dit, de rendre lesdits lieux en bon état de réparations locatives et remettre les clefs à leur successeur, comme il est d'usage.

10.º D'entretenir le pressoir et ses tournants en bon état de service, et les remettre de même à la fin de leur jouissance.

11.º De faire émonder aux âges et saisons convenables, savoir : les bois durs tous les six ans par moitié, et en ayant soin de leur laisser toujours une cage égale au tiers de leur hauteur ; les saules et les peupliers tous les trois ans, un tiers chaque année ; étant expressément convenu que ceux desdits arbres, ainsi que toute espèce d'arbres forestiers qui viendraient à périr sur lesdites terres pendant le cours du présent bail, appartiendront au bailleur sans qu'il soit tenu de les remplacer, à l'exception néanmoins des saules qui appartiendront aux preneurs, à la charge par eux de les remplacer aussitôt après l'abattage par d'autres de même espèce.

Les haies seront taillées au moins une fois l'an et de manière à ne pas dépasser la ligne séparative. Elles seront coupées au pied tous les quatre ans, en laissant de distance en distance des pieds corniers de un mètre cinquante centimètres pour servir de clôture, et la dernière fois au plus tard le 31 mars qui suit la dernière récolte. Le produit de la taille et de la coupe des haies appartiendra aux preneurs.

13.º Les bois-taillis, s'ils font partie de la location, seront aménagés à neuf ans, à la charge par les preneurs de respecter les vieilles écorces et les réserves des coupes précédentes ; de laisser au moins trente-deux baliveaux de l'âge par hectare venus de pied et non sur souche ; de faire la coupe desdits bois-taillis à la cognée et le plus près de terre possible, sans pouvoir les écuisser, essoucher, ni déraciner, et d'opérer la vidange au plus tard le quinze avril.

14.º **D'entretenir** vifs et bien venants les arbres fruitiers dépendant de ladite ferme, et ceux des grands et petits jardins, les labourer au pied deux fois par an, sur une largeur d'un mètre, les écheniller, fumer, éplucher; en détruire les gourmands et rejetons, en enlever le gui et le bois mort, et les rendre à la fin du bail greffés et en même nombre et espèces qu'ils les auront reçus; étant entendu que ceux qui viendront à périr, les corps du moins, appartiendront au bailleur, les branches et branchages aux preneurs qui seront tenus de les remplacer, et pour garantir les jeunes arbres des bestiaux et faciliter leur pousse, ceux-ci seront tenus de les épiner à leurs frais.

15.º **D'entretenir**, à leurs frais, les fossés et le cours des ravines ou rigoles, réparer les éboulements qui pourraient survenir, les curer au moins une fois tous les trois ans, les rendre en bon état à la fin de leur jouissance; de compoter et terreauter les prairies, et y détruire les taupes et taupinières, s'il en existe, de façon à les maintenir constamment à faux courante.

16.º **De payer**, sans aucune diminution du fermage ci-après fixé, en l'acquit et décharge du bailleur, toutes les contributions foncières, portes et fenêtres, charges locales, appointements du garde-champêtre et généralement toutes impositions de cette nature, sous quelque dénomination qu'elles soient établies ou pourraient l'être par la suite, et desquelles le bailleur serait tenu relativement aux lieux sus-affermés, à commencer l'acquit desdites contributions à compter du premier janvier 1857, en justifier annuellement pendant la durée du présent bail au bailleur par des quittances du percepteur, et le faire si exactement pendant lesdites   années, à partir de l'époque susdite, que le bailleur ne soit aucunement inquiété ni recherché à cet égard à peine de tous dépens et dommages-intérêts.

17.º De ne pouvoir, dans le cas où ils deviendraient propriétaires ou fermiers d'autres terres contiguës à celles présentement affermées, réunir les premières à celles de la ferme, et laisser subsister au contraire les bornes de séparation, de manière que l'on puisse toujours distinguer les unes des autres.

18.º D'assurer leurs récoltes ainsi que leurs risques locatifs, et de subroger le bailleur dans leurs droits à l'indemnité en cas de sinistre.

19.º De ne pouvoir céder ni transporter à qui que ce soit leur droit à tout ou partie du présent bail, sans le consentement exprès et par écrit du bailleur; dans tous les cas, ils continueront de rester personnellement garants vis-à-vis du bailleur.

20.º De n'exercer le droit de chasse sur les terres présentement affermées que de la manière qui sera réglée de gré à gré entre le bailleur et les preneurs.

21.º Enfin de payer le coût des présentes dont ils seront tenus de fournir une grosse au bailleur, et celui de l'inscription qu'il prendrait sur les biens ci-après désignés, pour sûreté des clauses et conditions du présent bail, si toutefois ladite inscription est requise.

22.º Et en outre desdites charges, clauses et conditions, le présent bail est encore fait moyennant la somme de   de fermage annuel. — Laquelle somme lesdits preneurs s'obligent conjointement et solidairement à payer au bailleur, en sa demeure, ou pour eux au porteur de la grosse et de son pouvoir, en trois termes et paiements égaux, les jours de Noël, Pâques et Saint-Jean-Baptiste de chaque année.

Il est expressément convenu que le paiement desdits

fermages ne pourra être effectué qu'en espèces métalliques d'or ou d'argent au cours de ce jour, ou en billets de la Banque de France, comptés pour numéraire, et non en aucun billet ou papier-monnaie, dont le cours, même forcé, pourrait être introduit dans le commerce en vertu de lois et ordonnances, au bénéfice desquelles les preneurs renoncent d'avance et d'honneur.

Versailles. — Typographie de DUFAURE, rue de la Paroisse, 21.

www.ingramcontent.com/pod-product-compliance
Ingram Content Group UK Ltd.
Pitfield, Milton Keynes, MK11 3LW, UK
UKHW031836170726
13836UKWH00004B/1714